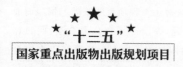
"十三五"
国家重点出版物出版规划项目

基于大数据的网络信息内容安全
——算法研究与工程实践

慕德俊　李晓宇　郭森森　李智虎　著

U0178541

西北工业大学出版社
西　安

【内容简介】 本书是在笔者参与完成的 10 多个基于大数据的网络安全算法工程项目的基础上撰写而成的,主要包括针对网上海量中文文本的舆情发现、舆情跟踪与舆情分析问题,提出一系列分类算法、回归算法,设计与实现针对海量中文文本的网络数据挖掘分析系统。设计实现的网络数据挖掘分析系统已在安全部门和公安部门中得到了实际应用。该系统可以对信息中包含的内容进行分析,识别其对受保护对象(如公共安全、企业资产等)形成的风险,评估其包含的价值,提取其中的关键要素等,其具体功能包括自动保密审查(涉密风险识别)、舆情分析(声誉风险评估)和科技情报采集(信息价值评估与提取)等。该系统还可以对网络数据进行智能化分析,检测其中的异常行为,识别未知攻击,评估安全态势,设立安全基线等,其具体功能包括流量异常检测、用户行为异常识别和 APT 攻击防范等。

本书可供信息安全领域的广大科研工作者、工程技术人员阅读、参考。

图书在版编目(CIP)数据

基于大数据的网络信息内容安全:算法研究与工程
实践/慕德俊等著 . —西安:西北工业大学出版社,
2020.12(2021.12 重印)
　　ISBN 978-7-5612-7553-5

　　Ⅰ.①基… 　Ⅱ.①慕… 　Ⅲ.①计算机网络-信息安全
-研究 　Ⅳ.①TP393.08

　　中国版本图书馆 CIP 数据核字(2021)第 009946 号

JIYU DASHUJU DE WANGLUO XINXI NEIRONG ANQUAN——SUANFA YANJIU YU GONGCHENG SHIJIAN
基 于 大 数 据 的 网 络 信 息 内 容 安 全 —— 算 法 研 究 与 工 程 实 践

责任编辑:朱辰浩		策划编辑:杨　军	
责任校对:王梦妮		装帧设计:李　飞	

出版发行:西北工业大学出版社
通信地址:西安市友谊西路 127 号 　　　　　邮编:710072
电　　话:(029)88491757,88493844
网　　址:www.nwpup.com
印 刷 者:西安浩轩印务有限公司
开　　本:787 mm×1 092 mm 　　　　　1/16
印　　张:8.625
字　　数:226 千字
版　　次:2020 年 12 月第 1 版 　　　　2021 年 12 月第 2 次印刷
定　　价:49.00 元

前　　言

随着 Internet 及其应用的迅猛发展,网络空间安全(Cyberspace Security)问题愈发严峻。从大的方面分析,网络空间安全分为 Internet 设备安全和 Internet 应用安全两大类。Internet 应用安全实质上就是 Internet 网上信息内容的安全。随着互联网和大数据技术的广泛应用,信息的采集能力也得到大幅度提升,从而使可以获得的公开信息素材数量急剧增加。面对远远超出人力处理能力的开源信息原始素材,其数量越多,意味着有价值的信息越容易淹没在真伪难辨的信息碎片海洋中,也就越难以从原始数据中获得有用的信息。与此同时,网络安全当前面对全新的威胁形态,以往基于已知特征的防病毒软件、防火墙、IDS、SIEM 等构建的防御体系力不从心,企业和安全部门要研究新的技术手段来抵御层出不穷的新型攻击,扭转网络防御被动挨打的局面。

笔者长期从事基于大数据的网络安全算法研究与工程应用。就应用方向而言,本书主要包括信息内容安全与信息网络安全两方面;而就实现技术角度而言,本书主要包括大数据关键技术和机器学习算法两方面。

本书的内容以实际需求为推动,以笔者参与完成的 10 多个工程项目为主导进行写作,其中千万元级项目 3 项,百万元级项目 3 项,项目总额近亿元。笔者在这些项目中均承担了架构设计、技术团队负责人和算法设计等重要职责。在完成工程项目的同时,也取得了相当数量的理论研究成果,并成功应用于实际系统中,在保障国家安全、维护企业利益和提升经济效益等方面起到良好促进作用。本书在应用领域主要包含以下几方面的内容。

网上舆情发现、舆情跟踪和舆情分析问题。从技术上看,这属于话题检测与跟踪(Topic Detection and Tracking,TDT)的研究范畴。然而,对于网上海量中文文本,当它们来自网络论坛、聊天室、即时通信、Twitter 和微博等信息源时,由于这些海量中文文本中大量存在语法不规范、错别字、生造词及中文分词固有困难等难点,所以直接应用现有的 TDT 计算方法无法奏效。本书针对网上海量中文文本的舆情发现、舆情跟踪与舆情分析问题,提出了一系列新的算法和新的技术,以设计与实现针对海量中文文本的网络数据挖掘分析系统。本书的基础算法与关键技术的研究得到了 863 项目的支持,本书所设计实现的网络数据挖掘分析系统已在政府部门中得到了实际应用。

该系统可以通过技术手段对信息中包含的内容进行分析,识别其对受保护对象(如公共安全、企业资产等)形成的风险,评估其包含的价值,提取其中的关键要素等,其具体功能包括自动保密审查(涉密风险识别)、舆情分析(声誉风险评估)和科技情报采集(信息价值评估与提取)等。笔者参与项目中有两项千万元级项目属于该应用领域。

该系统还可以通过技术手段对网络数据进行智能化分析,检测其中的异常行为,识别未知攻击,评估安全态势,设立安全基线等。其具体功能包括流量异常检测、用户行为异常识别和APT攻击防范等。笔者参与的项目中有一项千万元级项目属于该应用领域。

本书从技术角度而言,主要有以下两项内容。

(1)大数据关键技术:主要集中在大数据的架构设计方法论方面,对多种大数据典型架构有较为深入的了解与工程实践经验。此外,对于具体的大数据框架,如 Spark、Kafka、ElasticSearch、Nifi、Beam 等均有应用经验。其研究的算法也多采用大数据框架实现。

(2)机器学习算法:主要集中在分类算法、回归算法、异常检测算法和自动摘要算法等。

本书编写分工如下:慕德俊编写第 2~7 章;李晓宇编写第 1 章,并为其他章节提供大量素材;郭森森和李智虎提供部分关键算法和解释。

写作本书曾参阅了相关文献、资料,在此,谨向其作者深致谢忱。另外特别感谢西北工业大学出版社在本书出版过程中给予的支持和建议,同时还要特别感谢参与本书编写的各位同仁。

由于笔者水平有限,书中不足之处在所难免,敬请各位读者、专家指正。

著 者

2020 年 9 月

目　　录

第1章　绪　　论

1.1　研究背景和研究意义

随着互联网及其应用的迅猛发展,网络已深度融入人类社会生活的每个角落。

根据中国互联网络信息中心(CNNIC)在 2020 年发布的统计结果,截至 2020 年 6 月,中国网民规模达到 9.40 亿人,全国互联网普及率达到 67.0%,国内网站数量 468 万个,即时通信用户 9.30 亿,搜索引擎用户 7.66 亿,网络新闻用户 7.2 亿,网络视频用户 8.88 亿,网络直播用户 5.62 亿,网络购物用户 7.49 亿,网络支付用户 8.05 亿,在线政务服务用户 7.73 亿,在线教育用户 3.81 亿,在线医疗用户 2.76 亿,远程办公用户 1.99 亿,网民人均每周上网时长为 28.0h。我国已发展成为全球互联网规模最大的国家。

网络在为人们工作和生活带来巨大便利的同时,伴生而来的安全问题也愈发严峻。根据国家计算机网络应急技术协调中心的统计,仅 2020 年上半年,就捕获计算机恶意程序样本数量约 1 815 万个,日均传播次数达 483 万余次;境内感染恶意程序的主机约 304 万台,新增移动互联网恶意程序 163 万个。网络基础设施频受攻击,用户隐私保护亟待加强,网络数据易遭窃取及篡改,应用可信度亟待提高。

除了传统的基础设施安全、网络运行安全及网络数据安全问题以外,网络信息内容的安全问题也引起了世界各国的重视。现代社会已完全浸润在各种网络信息的洪流之中,从传统的电子邮件、新闻网站与网络论坛,到新兴的博客、问答社区、短视频与网络直播,以及各种类型的即时通信工具,网络空间中传播的各类信息时刻塑造着受众的认知,并影响着受众在现实社会中的行为。

在这些信息之中,夹杂着出于各种目的制造的虚假、暴力、色情、诈骗、煽动、人身攻击、种族主义和恐怖主义等有害内容。信息中被篡改的事件以及对现实混淆视听的解析,经过相关利益组织刻意引导与一般受众人群无意识地传播扩散,形成了足以扭曲大众认知的力量(见图 1-1)。

尤其近年来,国际形势剧烈动荡,意识形态、宗教、民族、政治、经济及军事等各方面冲突进一步加剧了信息内容方面的对抗。有意识的、有组织的国家级影响力行动不断出现。图 1-2 所示为乌合麒麟画作《和平之师》及其在国外社交网络上引起的巨大反响。在此背景下,信息内容安全的重要性也愈加显现。

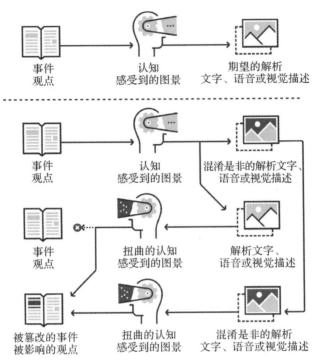

图 1-1 受众观点的塑造

图 1-2 乌合麒麟画作《和平之师》及其在国外社交网络上引起的巨大反响

1.2　舆论操纵周期模型

趋势科技(Trend Micro)公司的 Lion Gu 提出了一种舆论操纵的周期模型(见图 1 - 3)。该模型主要基于洛克希德·马丁公司(Lockheed Martin)所描述的传统网络杀伤链,并结合了其他有关操纵舆论的理论和研究。

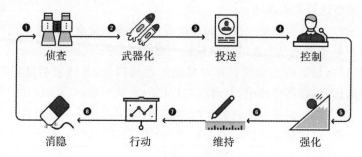

图 1 - 3　舆论操纵周期模型

根据该模型可知,舆论操纵包括以下几个步骤。

(1)侦查。

1)收集信息并分析目标受众;

2)衡量他们对感兴趣主题的忠诚度、接受度和成熟度。

(2)武器化。

1)准备关键故事(即要传播给目标受众的事实版本),制定支持该关键故事的背景故事;

2)创建变体或"替代版本",这些都是"次要的"附带故事,也被"植入",因此,当知识渊博的读者不完全相信关键故事时,他们的好奇心会引导他们走进准备之路,找到这些附带故事,然而这些故事也是错误的;

3)设置成功和预期范围的指标。

(3)投送。

1)使用特定服务(传统媒体,社交媒体等)传播上述活动;

2)各种地下服务可在此阶段得到有效利用。

(4)控制。

1)在少数但积极的支持者群体(推广积极分子或拥护者)中进行有针对性的定向推广(分发思想);

2)可以使用服务来操纵社交网络,以加快和扩大这一过程。

(5)强化(执行最初的想法)。

1)为了提高关键故事的知名度,需要获得关键数量的支持者;

2)目的是通过让目标受众自己主动宣传故事(雪球/病毒效应)来实现持久性;

3)使用支持性的活跃组织,创造正面和负面的反馈。

(6)维持。

1)建立关键故事后,添加辅助故事,保持活动水平出色,并为人群做好应对变化的准备;

2)评估指标以查看操作是否成功,并检查汲取的经验教训,以帮助增加未来活动的成功率。

(7)行动。选择或准备根据改变的公众舆论采取行动。

(8)消隐。

1)分散公众的注意力,使他们将注意力转移到另一个主题上,使发生的事情变得模糊,并最大程度地减少内乱;

2)确保全面掌控局势,同时朝新的方向发展,如果需要,再次开始循环。

下面对上述环节进行简要阐述。

(1)首先是侦查。侦查步骤的主要目的是设置目标、确定受众并对受众进行深入理解。一个可以采用的理论框架被称为"通用控制理论"(Достаточно общая теория управления,DO-TU),舆论操纵的目标是影响或改变目标对象的一系列信念,具体包括世界观、历史观、对正在发生的事件的描述、对经济的影响、对自己与后代的长期影响,以及对当前利益的直接影响。上述信念的改变,越在前面的项目实现的影响越深刻,但实现的难度也越高。舆论操纵活动一般会主要针对第三项"对正在发生的事件的描述"展开,以达到时间、资源与效果的均衡。

(2)然后是武器化。针对舆论目标与受众,设计与之匹配的宣传内容,影响和扭曲意见的形成方式。武器化需要充分考虑目标受众对主题的知识水平和成熟度,以及受众已经存在的偏见。同时需要注意的是,舆论操纵并不意味着一定涉及虚假新闻报道,在很多情况下,简单地增加某一部分事实的报道,也可以起到同样的作用。

(3)下一步是投送。向最终受众进行宣传活动将需要各种公开或地下的工具和服务。拥有足够资源的执行者可能有自己的组织能力来开展宣传运动,并取得一般宣传者难以取得的成果。在传递任何信息之前,必须确认目标受众能够接受该信息,即他们必须对改变观点持一定的开放态度。因此,很多宣传者会先破坏局势的稳定并引入波动性,从而使受众更有可能接受新的选择。目前,西方国家占领了大部分国际舆论阵地,具有较强的优势,但这一形势正在逐步改变。

(4)接下来是控制与强化。投送仅仅是使用工具将信息推送到受众视野中,但更重要的是操控人们形成观点和表达意见。一种经常被利用的机制是同伴压力。很多实验表明,人们会遵循周围大多数人的观点,即使这种观点是明显错误的。那么,利用机器人或假扮的意见领袖,会使武器化过程中植入的故事看起来更为可信与更受欢迎。而一旦说服了足够多的公众,其他团体效应就开始发挥作用:当这种"潮流效应"开始发挥作用时,人们开始相信某事仅仅是因为它很受欢迎。

(5)再下来是维持。当宣传已经符合目标受众的世界观时,宣传活动可以立即生效;但当其与之不符时,则需要推动受众随着时间的推移逐渐转变观点,从不可想象,逐步变为一种激进的想法,进一步变得似乎可接受,再变为一种似乎明智的想法,进而被大众接受,最终成为政策。

(6)行动则是产生实际效果的阶段。商业目的的宣传在这个阶段将开始销售并直接获得商业利益,而政治目的的宣传则将采取更为复杂的动作,甚至一些具有长期目标的政治活动此时并不会急于行动,而是为更深层的变化进行准备。

(7)最后一个阶段是消隐。宣传活动一旦完成且目标得以实现,对于活动组织者来说,将目标受众恢复到更加稳定、放松的状态是一个更好的选择。这是因为政治宣传不是在真空中进行的——竞争者总是可以利用另一方造成的不稳定局面。冷却期可以使目标受众的情绪恢复到进行任何操作之前的状态,但会改变观点以符合宣传的目标。

1.3 国外相关研究项目

本节选取美国国防高级计划研究局(DARPA)的多个公开研究项目及英国牛津大学的一个研究项目作为代表,介绍国外在此方向的研究领域与进展。

1.3.1 叙事网络

如图 1-4 所示,DARPA 于 2011 年启动了叙事网络(Narrative Network,N2)项目,以了解叙事如何影响人类的认知和行为,并将这些发现应用于国际安全环境。该计划旨在解决导致外国人口激进化、暴力动员、叛乱和恐怖主义的因素,并支持预防和解决冲突,有效的沟通和创新的创伤后应激障碍(PTSD)治疗。

DARPA 认为,叙事可以巩固记忆,塑造情绪,暗示启发式思维和判断偏差,并影响群体差异。要确定其对认知功能的影响,需要一种叙事的工作理论,对它们在安全环境中的作用的理解,以及对如何系统地分析叙事及其心理和神经生物学影响的研究。从而解释,人们为什么在拒绝其他信息时会接受某些信息并对其采取行动?为什么某些叙事主题成功地建立了对恐怖主义的支持?叙事在导致和帮助治疗创伤后应激障碍(PTSD)中可以发挥什么作用?这些问题涉及叙事在人类心理学和社会学中的作用,其答案对国防任务具有战略意义。

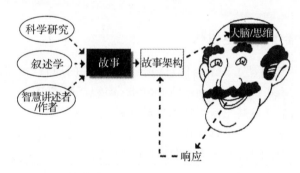

图 1-4 DARPA 叙事研讨会上展示的幻灯片

在此项目中,DARPA 征求以下领域的创新研究意见:①叙事的定量分析;②理解叙事对人类心理学及其相关神经生物学的影响;③建模、模拟和感知这些叙事,尤其是在僵持状态下的影响。这项工作通过推进叙事分析和神经科学来革新叙事和叙事影响,从而创建新的叙事影响感知器,使当前预测叙事影响力的能力加倍。

N2 项目涉及下述 3 个技术领域。

(1)技术领域一:叙事分析。有效分析故事所形成的安全现象的必要条件,即准确地识别故事承担的功能是什么,以及它们是通过什么机制达到这些功能的。叙事分析的目标旨在确定谁在向谁以及出于什么目的讲故事,并发现叙事比喻在社交网络、传统媒体、社交媒体及对话中传播和影响的潜在指标。具体子目标包括:①发展新的,并扩展现有的叙事理论;②识别并理解叙事在安全环境中的作用;③调查并扩展叙事分析和分解工具的最新水平。

(2)技术领域二:叙事神经生物学。由于大脑是人类行动的最直接原因,所以故事对叙述的发送者和接收者的神经生物学过程都有直接影响。如果要确定故事对人类选择和行为的心理和神经生物学有什么影响,那么了解故事如何告知神经的生物学过程就至关重要。技术领域二的主要目标是彻底改变当前对叙事和故事如何从基础神经化学到系统水平乃至大系统等多种分析水平上影响人类基础神经生物学的理解。具体子目标包括:①分析叙事对基本的神经化学的影响;②了解叙事对记忆、学习和身份的神经生物学的影响;③评估叙事对情绪神经生物学的影响;④检查叙事如何影响道德判断的神经生物学;⑤确定叙事如何调节与社交认知相关的其他大脑机制。

(3)技术领域三:叙事模型、仿真和传感器。为了准确理解叙事如何影响人类行为,必须开发出可以仿真这些影响并直接衡量其影响的模型。该技术领域将专注于工具的开发,以了解他人、发现叙事影响并预测回应。技术领域三的最终目标是防止不良行为结果的发生与促使积极行为结果的产生。这将涉及将叙事对个人与群体的影响进行建模和仿真,以帮助预测和量化由于叙事互动而导致行为发生变化的方式和原因。该技术领域通过构建检测这些模型中包含的适当变量的传感器系统来解决这些目标。具体子目标包括:①在建模和仿真影响力方面革新现有技术;②通过结合叙事需求,开发和验证新的影响模型或显著改善现有的影响模型;③开发针对新的或改进的影响模型中确定的变量和过程的非标准和新颖的传感器套件。

该项目的实施,表现出美国军方试图通过"叙事网络"掌握宣传、"努力寻求洗脑"的意向。根据美国政府网站的公开信息,该项目主要由雷神 BBN 科技(Raytheon BBN Technologies Corp)和查尔斯河分析(Charles River Analytics, Inc.)两家公司实施,经费分别为 590 万美元与 420 万美元。

1.3.2　战略传播中的社交媒体

DARPA 于 2011 年还启动了一个与信息内容安全相关的项目,该项目被称为"战略传播中的社交媒体"(Social Media in Strategic Communication, SMISC)。

该项目的总体目标是开发基于新兴技术基础的社交网络新科学。特别是 SMISC 将开发自动化和半自动化的操作员支持工具和技术,以在数据规模上及时、系统地使用社交媒体,以实现 4 个特定的计划目标:①检测、分类、测量和跟踪思想和概念(模因)的形成、发展和传播,以及有目的或欺骗性的消息传递和错误信息;②在社交媒体网站与社区识别说服活动的结构与影响力行动;③确定参与者和意图,并衡量说服活动的效果;④对检测到的敌对影响力行动的反制。

DARPA 认为,在社会媒体领域,对美国武装部队具有战略和战术重要性的事件越来越多。因此,美国必须在发生这些事件时意识到这些事件,并能够在该领域为自己辩护以防止不良后果。美国必须通过使用体系化的自动和半自动手段支持,以规模化、实时化的方式检测、分类、测量、跟踪和影响社交媒体中的事件,从而消除当前对运气和简单人工方法的依赖。

该项目的研究内容包括:①语言线索、信息流模式、主题趋势分析、叙事结构分析、情感检测和观点挖掘;②跨社区的模因跟踪、图形分析/概率推理、模式检测和文化叙事;③诱导身份、新兴社区建模、信任分析与网络动力学建模;④内容自动生成、社交媒体中的机器人与众包。

SMISC 项目涉及下述 3 个技术领域。

(1)技术领域一:算法与软件开发。开发自动化和半自动化的操作员支持工具和技术,以大规模和及时的方式有系统地、有条理地使用社交媒体,从而对思想和概念(模因)的形成、发展和传播,以及有目的或欺骗性的消息传递和错误信息进行检测、分类、测量和跟踪;识别社交媒体网站和社区中说服活动的结构与影响力行动;确定参与者和意图,并衡量说服运动的效果;对检测到的敌对影响力行动的反制。

(2)技术领域二:数据供给与管理。该项目将创建一个封闭且受控的环境,在该环境中将收集大量数据,并将进行实验以支持技术领域一中算法的开发和测试。这种环境的一个例子是一个封闭的社交媒体网络,该网络由2 000~5 000人组成,参与者同意在网络内进行大部分基于社交媒体的活动,并同意参与所需的数据收集和实验。这样的网络可以在单个政府、行业或学术组织内或在多个这样的组织内形成。这种环境的另一个示例是大型多人在线角色扮演游戏,其中社交媒体的使用对游戏至关重要,并且成千上万的玩家同意参与所需的数据收集和试验。

(3)技术领域三:算法集成、测试和评估。该项目将制定适当的性能指标,并开发、执行和评估相应测试和评估程序的结果。测试和评估程序将包括红队活动,该活动涉及对技术领域二中开发的封闭环境的战略沟通与影响力行动。

该项目计划投入4 200万美元,最终投入了约5 000万美元。南加州大学、印第安纳大学、佐治亚理工学院等高等院校,以及 IBM、Systems and Technology Research、Sentimetrix 等公司参与了该项目,除技术成果外,还产出了 200 余篇学术论文。图 1-5 所示为高级防御研究中心(C4ADS)提交的 SMISC 子项目 METSYS 申请。

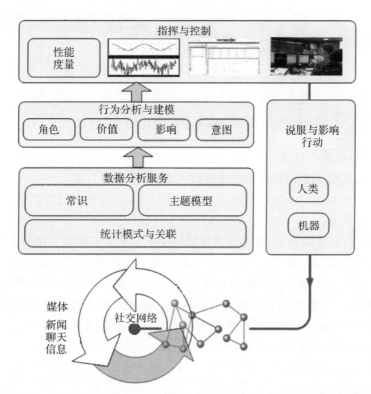

图 1-5　高级防御研究中心(C4ADS)提交的 SMISC 子项目 METSYS 申请

1.3.3　在线社交行为仿真

DARPA 于 2017 年启动了在线社交行为的计算仿真(Computational Simulation of Online Social Behavior，SocialSim)项目。

该项目的总体目标是开发用于在线社交行为的高保真计算仿真的创新技术。

DARPA认为，传统自上而下的模拟方法着眼于整个种群的动态，并通过假设整个种群的行为统一或基本一致来对行为现象进行建模，这样的方法可以轻松扩展以模拟大量人口，但是如果人口特征存在特定、不同的变化，则可能不准确；相反，自下而上的模拟方法将人口动态视为多样化人口中活动和互动的新兴特征。虽然这样的方法可以使信息传播的模拟更加准确，但是它们并不容易扩展以代表大量人口。SocialSim项目寻求新颖的方法来应对这些挑战，希望创造性地组合和/或扩展自上而下和自下而上的方法的"多分辨率"方法，从而从根本上提高准确性和可伸缩性。图1-6所示为SocialSim跨信息环境多分辨率仿真。

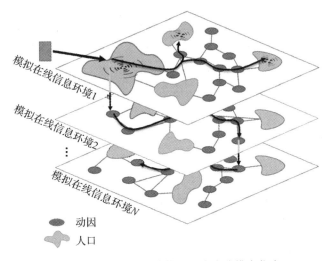

图1-6　SocialSim跨信息环境多分辨率仿真

SocialSim项目设置的具体目标如下：①开发能够准确模拟在线信息以代表感兴趣的人群（即几千到几千万）的规模进行传播和演化的技术；②开发有效且健壮的方法来提供数据以支持仿真开发、测试和测量；③开发严格的方法和度量标准，以定量评估在线信息传播和演化模拟的准确性和可扩展性。

DARPA提出该项目的背景，认为信息环境从根本上改变了信息传播的方式和速度，民族国家和非国家行为者都越来越多地利用这种全球信息环境来传达信息和实现某些特定目标。准确和大规模地模拟在线信息的传播和发展，可以比现有方法更深入、更定量地了解对手对全球信息环境的使用。目前，美国政府雇用了小型专家团队来推测信息如何在网上传播。尽管这些活动提供了一些见解，但需要消耗大量的时间进行编排和执行，与此同时，推测的准确性尚不清楚，其规模（就表征群体的大小和粒度而言）也只能代表现实世界的一小部分。这些缺陷导致难以可靠地模拟诸如大型信息级联以及有影响力的信息"守门员"等现象的出现。

SocialSim项目设置了以下3个技术领域。

（1）技术领域一：仿真。开发能够准确模拟在线信息传播和演化的技术，使得可以在合理的执行时间（即典型的商用现成计算平台上的几秒到几小时）内模拟成千上万到几千万个感兴趣的群体。确定（在什么级别的细节上）必须表现出什么样的群体特性和行为，以准确模拟信息传播和演化；确定必须表示什么信息属性（例如，消息的形式、内容或一系列消息）；确定必须表示信息环境的哪些属性(例如,所支持的通信类型)。该领域将开发一个模拟系统,以捕获群体、信息和环境之间的相互作用,实现准确性和规模上的显著提高。其中主要涉及的技术挑战包括以下几项:①在多个级别上表示和/或链接群体的特性和行为;②模拟在亚人群级别具有显著内在复杂性的行为,同时保持扩展到数百万群体的能力;③不仅模拟信息传播,还模拟随着内容传播的信息演变;④模拟信息在多个不同信息环境之内和之间的传播和演化。

(2)技术领域二:数据供给。开发有效且可靠地提供数据以支持仿真开发(技术领域一)和仿真测试与度量(技术领域三)的方法。描述现实世界在线信息传播和发展的数据和分析将为精确模拟的发展提供信息。此外,数据和对在线行为和动力学的全面分析将提供一个"金标准",以在 SocialSim 项目的过程中严格测量技术领域一中的仿真相对于现实世界的准确性。主要技术挑战包括以下几项:①捕获快速、复杂且经常短暂的信息传播和演变现象;②快速适应不断变化的在线环境;③在多个信息环境中识别并关联事件、主题和特定消息;④适当地表示媒体内容,以实现对信息传播和发展的可扩展仿真;⑤开发新的工具来研究真实或代理环境中信息传播和演化的原因。

(3)技术领域三:仿真测试与度量。对仿真技术的准确性和可扩展性进行独立评估。提出基线挑战问题,以评估仿真的初始准确性和规模;识别在线信息传播的基础行为,包括信息级联(加速信息共享)、重复(对已有信息爆发新的活动)、守门员(改变信息传播方式的关键影响者)和坚定的少数派(改变信息传播小型忠实团队)。针对每种现象制定多种措施,并评估仿真的准确性。主要技术挑战包括以下几项:①提高基线现象和措施的准确性和规模;②针对额外的度量提高准确性和规模;③改善群体、环境和消息属性的通用性;④信息传播中的演化。

根据美国政府网站的公开信息,该项目主要由南佛罗里达大学、伊利诺伊大学和中佛罗里达大学实施。其中南佛罗里达大学的 Anda Iamnitchi 团队获得了 170 万美元的资助,用于开展"信息扩散过程的深度学习算法建模"(Modeling Information Diffusion Processes with Deep Learning Algorithms);伊利诺伊大学的 Emilio Ferrara 团队获得了 410 万美元的资助,用于开展"COSINE:信息网络环境的在线认知模拟"(COSINE:Cognitive Online Simulation of Information Network Environments);中佛罗里达大学的 Ivan Garibay 团队获得了 630 万美元的资助,用于开展 "深度代理:社交网络中信息传播和演化的框架"(Deep Agent:A Framework for Information Spread and Evolution in Social Networks);中佛罗里达大学的 Wingyan Chung 团队获得了 660 万美元的资助,用于开展"SimON:社交网络模拟器"(Si-mON:Simulator of Online Social Networks)。

其中,南佛罗里达大学的"信息扩散过程的深度学习算法建模"项目的主要研究目标是:使用神经网络评估深度学习方法预测各种社交在线环境中的信息传播过程。尽管深度学习已被证明是识别图像的有价值的工具,但在社交网络的动态过程的背景下还没有进行充分的探索。

伊利诺伊大学的 COSINE 项目的目标是创建新颖的认知代理模拟框架,以研究在线信息环境中社会现象的多尺度动态。COSINE 中的个体行为将基于人类行为的第一性原理,并通过实验室实验和经验分析进行验证。此外,COSINE 的多分辨率、可扩展框架将使时间分辨的大规模动态网络信息环境仿真成为可能。在线信息传播使用自上而下的统计物理模型、介观层级的基于隔间和网络的模型以及基于自下而上的基于代理的动力学来建模。代理模型基于人类行为的神经认知基础原理,将有限理性和认知偏差纳入了注意力模型。COSINE 是一个丰富的虚拟实验室,用于研究从个人到社区再到全球集体行为的多分辨率、多尺度的在线社会现象的动力学。将多路复用网络整合到代理之间的交互中,从而能够研究网络结构和多种通信方式对新兴社会现象的影响,以及网络中个人的位置如何影响其行为。此外,COSINE 阐明了系统如何响应内源性(注意力转移)和外源性(如危机、紧急情况)的冲击,并提供了对社交网络结构如何响应内部和外部冲击而发展的更好理解。

中佛罗里达大学的 Deep Agent 项目使用新颖的计算建模范例——深度代理框架(Deep Agent Framework,DAF),建立了在线社交网络中信息传播和演化的全面、真实和大规模的计算模拟。深度代理框架提出以下结论:①可以通过具有情感、认知和社交模块的,具有深层神经认知能力的计算代理网络来完成社会动力学建模;②项目通过一系列由先进的社会理论驱动模型和数据驱动模型创建的模块化子组件,系统化的组装、测试和验证多个合理的模型,而非创建一个手工设计的信息传播和进化模型;③使用机器学习技术来帮助团队中的专家模型设计者和社会科学家在计算机辅助下探索数以万计的竞争性信息传播和进化模型,模型的搜索以模型准确性为指导,该准确性是通过将模型模拟输出与现实世界的社会动态数据进行比较而测得的。

中佛罗里达大学的 SimON 项目开发了一套模型、方法和工具,用于大规模地精确模拟信息传播和在线社交网络(OSN)中影响力的演变。该项目基于社会文化和行为分析、消息内容理解、人群心理和集体信念、网络拓扑和代理同步性以及社交网络分析和信息传播的见解,将新颖、完整和互补的模型整合到全面的高保真模拟环境中。具体研究内容包括:①表征网络代理在多种聚合级别和跨异构环境的新颖方法;②社会影响力和同步性的多分辨率表示;③大规模互动过程的建模,如社区影响力、信息级联以及对抗网络中的信息传播和演化;④网络内通信模式和消息内容的自动汇总;⑤跨多个信息环境的仿真框架的验证。图 1-7 所示为 SimON:社交网络模拟器。

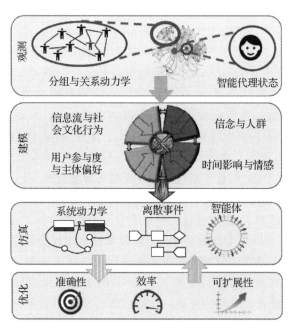

图 1-7　SimON:社交网络模拟器

1.3.4　语义取证

2019 年,DARPA 启动了语义取证(Semantic Forensics,SemaFor)项目(见图 1-8)。该项目旨在开发创新的语义技术来分析媒体。这些技术包括语义检测算法,该算法将确定是否已生成或操纵了多模式媒体资产;归因算法将推断多模式媒体是否来自特定组织或个人;表征算法将判断是否出于恶意目的而生成或操纵了多模式媒体。这些语义取证技术将有助于识别、阻止和理解对手的虚假信息宣传活动。

DARPA 认为,尽管统计检测技术已经取得了一定的成功,但是媒体生成和处理技术正在迅速发展,单纯的统计检测方法很快将不足以检测伪造的媒体资产。依靠统计指纹的检测技术通常会被有限的其他资源(算法开发、数据或计算)所欺骗。但是,现有的自动媒体生成和处理算法在很大程度上依赖于纯粹的数据驱动方法,并且容易产生语义错误。例如,GAN 生成的面孔可能具有语义上的不一致,如耳环不匹配。这些语义上的失败为防御者提供了获得不对称优势的机会。一套完整的语义不一致检测器套件将极大地增加媒体伪造者的负担,要求伪造媒体的创建者正确弄清每个语义细节,而防御者只需找到一个或很少的不一致即可。

DARPA 正在寻求革命性的思路以形成可以对伪造的多模式媒体进行严密且可行的检测、归因和表征的能力。项目将开发利用伪造媒体中语义不一致的方法,以跨媒体的方式大规模地执行这些任务。语义取证方法和语义取证系统有望在越来越复杂的媒体上运行,包括在多种媒体资产之间进行推理,同时在整个工作过程中提高检测、归因和表征性能。

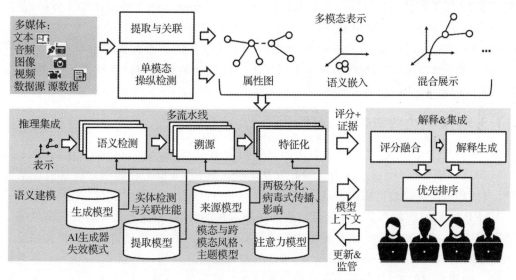

图 1-8　DARPA 语义取证(SemaFor)项目

SemaFor 项目涉及以下 4 个技术领域。

(1)技术领域一:检测、归因与表征(Detection Attribution Characterization,DAC)。检测算法将检查单模式和多模式媒体资产,以及检查语义不一致的原因,以判断媒体是否被伪造。归因算法将针对所声称的来源分析媒体资产的内容,以判断所声称的来源是否正确。能够支持将伪造的媒体归因于伪造者组织或个人的归因算法也很受关注,但并不是主要关注点。表征算法将检查媒体资产的内容,以判断其是否出于恶意目的被伪造。

（2）技术领域二：解释与集成。开发将技术领域一中的多个检测方法得分融合生成单个得分的算法，用于支持分析师的优先级划分和审查。归因和特征评分也会发生类似的融合。开发算法自动将技术领域一中组件提供的证据汇总并整理成对分析师的简要说明，基于得分和证据来优先选择供人工审核的伪造媒体。

（3）技术领域三：评估。评估的目的是了解语义取证功能可以怎样满足潜在的过渡合作伙伴（如美国国防部、情报社区和商业组织）的需求，并了解该计划针对其科学目标的进展。评估将表征原型系统的所有元素。DARPA 也有兴趣了解在哪些地方可以通过自动算法来最好地增强人的能力，因此，将设计实验来为伪造媒体的检测、归因与表征建立人类的能力基线。

（4）技术领域四：挑战策展。组织从公共领域提出的最新技术（SOTA）挑战，以确保语义取证项目能够解决相关威胁情况；将根据当前和预期的技术开发威胁模型，以帮助确保语义取证防御在可预见的未来高度相关；将定期向技术领域三评估团队和 DARPA 提供挑战和更新的威胁模型。

根据美国政府的公开数据，该项目主要承担机构包括：Par 政府系统公司（Par Government Systems Corporation），获得经费 1 190 万美元，研究主题为"语义空间"（SemaSphere）；洛克希德-马丁公司（Lockheed Martin Corporation），获得经费 1 480 万美元，研究主题为"DICE：DAC 集成与上下文解释"（DAC INTEGRATION AND CONTEXTUAL EXPLANATION，DICE）；系统与技术研究所（Systems & Technology Research LLC），获得经费 480 万美元，研究主题为"语义供攻击模型"（Semantic Attack Models）；Kitware 公司，获得经费 1 190 万美元，研究主题为"语义信息防御"（Semantic Information Defender）；Sri International 公司，获得经费 1 100 万美元，研究主题为"MALAISE：指向意图和语义证据的多媒体分析"（Multi－media Analysis Leading to Intent and Sematic Evidence，MALISE）。普渡大学也承担了该项目的研究，研究主题为"DISCOVER：一种用于语义不一致验证的数据驱动集成方法"（DISCOVER：A Data-Driven Integrated Approach for Semantic Inconsistencies Verification）。

1.3.5 影响力活动感知与理解

DARPA 于 2020 年启动了影响力活动感知与理解（INfluence Campaign Awareness and Sensemaking，INCAS）项目。该项目将开发技术和工具，使分析人员能够以定量的置信度来检测、表征和跟踪地缘政治影响力运动。

DARPA 认为，美国与其对手在进行着一场不对称的、持续的武器化影响力叙事战争。攻击者利用博客、推文和其他在线多媒体内容中具有影响力的消息，传递错误或真实的信息。分析人员需要有效的工具来不断地对庞大、嘈杂的自适应信息环境进行感知，以识别对手的影响力运动。使用当前的工具，分析人员必须手动筛选大量消息，以查找具有相关影响力议程的消息，然后评估哪些消息正在吸引哪些人群。分析师使用数字营销工具跟踪人口反应，以分析受众人口统计、兴趣和个性，但这些工具缺乏对更深层次的地缘政治影响的解释和预测能力。受众群体分析通常使用基于在线和调查数据的静态受众特征细分来完成，但这缺乏动态地缘政治影响活动的检测和感知所需的灵活性、解析度和及时性。

DARPA 专门指出："虽然错误信息和虚假信息确实在影响力活动中起作用，但只关注错误信息或虚假信息检测的方法（如'假新闻'）却没有意义，因为影响力活动还可以围绕真实事件和事实建立叙述。"可见美国军方已不再满足于仅针对所谓的"虚假信息"（misinformation）

或"假新闻"（fake news），而是公开明确的开始针对任何与之不符的影响力活动（influence campaigns），即使这些活动基于真实事件和事实。图1-9所示为分析师任务活动（外圈）和影响力活动（内圈）概念模型。

DARPA希望，通过INCAS，研究人员将利用、完善、扩展或组合最先进的自然语言处理（NLP）技术，以进行地缘政治影响活动的检测和表征，并将重点放在分析人员对数据的感知与理解的能力提升上。

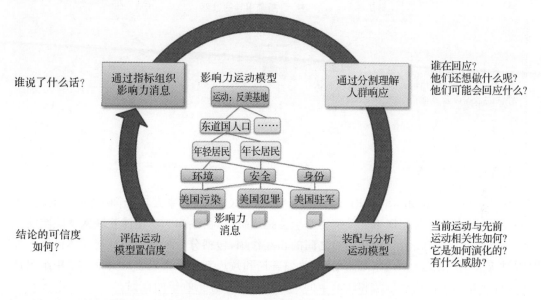

图1-9　分析师任务活动（外圈）和影响力活动（内圈）概念模型

INCAS项目涉及以下5个技术领域，如图1-10所示。

（1）技术领域一：影响指标检测。开发识别在线消息中影响指标的技术，包括议程、关注和情绪等。

（2）技术领域二：人群响应特征。开发针对将一组影响性消息的响应人群的细分技术，使用心理和人群统计学属性对每个细分进行特征化，并识别这些属性、影响指标和响应之间的相关性。

（3）技术领域三：影响力活动建模。开发用于影响力活动的分析师-机器感知的技术，包括帮助分析师评估活动模式的置信度。

（4）技术领域四：数据和测试平台开发。开发基础结构，以从在线资源向所有技术领域提供社交媒体消息传递和其他数据馈送。收集并保留社交媒体和其他在线数据，并实施底层数据分析。开发应用程序编程接口（API），以便其他技术领域中的执行者可以访问数据并将其算法的输出发布到基础架构中。此外，开发供程序使用的测试平台基础设施。

（5）技术领域五：计划评估。设计和进行技术评估（包括指标和情景定义），为计划情景开发基础真相评估数据，管理计划主题专家（SME）小组，与运营利益相关者小组进行协调，并协调项目负责人会议活动。

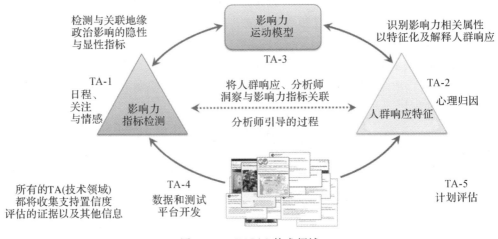

图 1-10　INCAS 技术领域

1.3.6　计算宣传

计算宣传(Computational Propaganda，COMPROP)是牛津大学于 2016 年启动的项目，由欧盟委员会、欧洲研究理事会及福特基金会提供资助，由牛津大学牛津互联网学院实施。

该项目研究算法、自动化和政治之间的相互作用，包括分析如何使用社交媒体机器人等工具通过放大或压制政治内容、虚假信息、仇恨言论和垃圾新闻来操纵公众舆论。使用组织社会学、人机交互、通信、信息科学和政治学的观点来解释和分析收集的证据。

项目研究了使用社交媒体进行舆论操纵的情况。项目团队由来自 9 个国家或地区的 12 名研究人员组成，他们共采访了 65 位专家，在数十次选举、政治危机和国家安全事件期间，分析了 7 个不同社交媒体平台上的数千万条帖子。针对美国、加拿大、俄罗斯、乌克兰等 9 个国家或地区，基于收集的定性、定量和计算证据进行了案例研究。图 1-11 所示为牛津大学出版社出版的《计算宣传》。

图 1-11　牛津大学出版社出版的《计算宣传》

他们得到的主要结论有以下 3 条：①社交媒体是重要的政治参与平台，也是传播新闻内容的重要渠道；②社交媒体被积极地用作操纵舆论的工具，尽管其方式和主题不同；③各个国家的民间社会团体都在艰难尝试保护自己以及应对主动的虚假信息活动。

例如，该研究团队认为美国操纵舆论的基本特征是制造线上共识。研究团队试图回答机器人是否有能力影响社交媒体上的政治信息流的问题，并通过两种方法回答了这个问题：①采用定性分析政治机器人在 2016 年美国大选期间如何用于支持美国总统候选人及竞选活动；②采用网络分析美国大选期间政治机器人在 Twitter 上的影响。定性调查结果基于对竞选活动进行的 9 个月的实地考察,包括对机器人制造者、数字化竞选战略家、安全顾问、竞选人员和党委官员的采访。分析结果表明,在 2016 年竞选期间,民主党和共和党均利用了政治机器人。尤其是共和党,在整个选举期间都特别使用了这些数字政治工具。该研究提供了人种学证据,表明机器人以两种关键方式影响信息流:①通过"制造共识",或给人以巨大的线上流行感,以形成真实的政治支持;②通过"民主化宣传",促使所有人参与到以放大对党派的盲目支持为目标的在线互动中来。该研究团队还对 2016 年美国大选期间收集的超过 1 700 万条推文的转发网络中的影响机器人进行了定量网络分析,以补充这些发现。分析结果证实,机器人在 2016 年美国大选期间已达到可衡量的地位。因此,研究团队认为机器人确实在此特定事件中影响了信息流,并认为这种混合方法表明:机器人程序不仅已经作为一种被广泛接受的、被竞选人和公民使用的计算宣传工具而兴起,而且机器人程序的确可以影响具有全球意义的政治进程。

　　除了对多个国家和地区的案例研究外,该研究团队于 2019 年还发布了一项针对全球社交媒体操纵的研究报告《全球虚假信息排名:2019 年度有组织社交媒体操纵的全球清单》(The Global Disinformation Order:2019 Global Inventory of Organised Social Media Manipulation)(见图 1 - 12)。

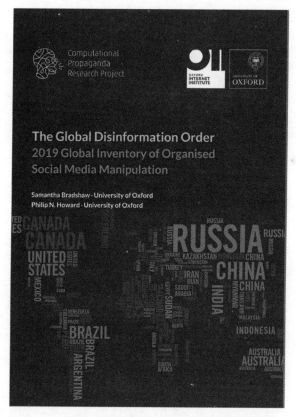

图 1 - 12　牛津大学出版社出版的《全球虚假信息排名》

　　该研究团队通过连续 3 年监控全球政府和政党操纵社交媒体的组织机构,分析计算宣传的趋势以及不断演进的工具、能力、策略与资源,发现 2019 年全球已有 70 个国家或地区开展了有组织的社交媒体操纵活动,远高于 2017 年的 28 个国家地区以及 2018 年的 48 个。网络部队已成为形成舆论、设置议程以及传播思想的重要力量。社交网络技术（算法、自动化和大数据）的出现改变了数字时代信息传输的规模、范围和精度。因此，研究团队认为，使用算法、自动化和大数据来塑造公共生活的计算宣传，正在成为日常生活中无处不在的一部分。

需要指出的是，本书中所有对国内外相关领域研究与技术进展的论述，均基于公开来源可获得的信息，包括公开发表的论文、公共出版的图书以及来自互联网的公开报道等。

从下一章开始，将对信息内容安全中的若干关键问题进行研究，并提出相关算法的原理解释与工程实践建议。

第2章　海量中文文本中热点序列的挖掘

从本章起到第4章,将主要研究网络数据挖掘分析系统中的一些关键技术。本章研究从海量中文文本中挖掘出热点序列,目的是进一步挖掘热点话题,从而为挖掘舆情、舆情跟踪和舆情分析做基础性的准备。

2.1　引　　言

网络数据挖掘分析系统是从海量文本中挖掘出舆情,对舆情进行跟踪与分析。这属于TDT的基本任务。TDT的任务是针对time_ordered information sources的分析,如报纸库(news wires)。自从1997年,由美国国防高级计划研究局(DARPA)资助,美国国家标准技术研究所负责的TDT项目开展以来,已经出现了大量技术手段,如自组织神经网络、BBN系统等,这在处理新闻等较为正式的英文长文本信息中,取得了较为满意的结果。

但是,在针对书写较为随意的短文本方面,如聊天室、Twitter、即时通信甚至包括大部分网络论坛的发帖,尤其是当这些短文本的语言是中文时,现有的TDT技术则遇到了一系列的困难。主要原因有以下几种。

(1)短文本过短的长度及其小样本的本质,使随机性掩盖了统计规律,导致目前很多基于统计分析的自然语言处理手段失效。

(2)书写随意,语法不规范。这些短文本的使用场合往往是非正式的,书写时极为随意且忽视语法规则,表达方式也经常是非标准的,甚至是专门追求奇特的效果。因此,无论是基于标准的语法分析或是根据正式的严格遵从语法的语料训练出的分析工具(例如,相当多的中文自然语言处理技术均是以《人民日报》语料库作为训练数据),在这种情况下处理精度都会受到较大影响。

(3)新词汇大量出现。在网络语言环境下,新词、生造词甚至是出于某种目的的暗语、代指层出不穷,尤其是在非正式场合大量使用的短文本中,这种现象更为明显。

(4)中文分词困难。中文属于字符型语言,在词汇与词汇之间没有明显分界标志,也为文本信息的分析带来了困难。在书写较为规范、正式的文本中,通过采用大规模的分词词典及较为智能的分词算法,可以有效降低分词所带来的影响;但是针对书写极为不规范的短文本,中文分词所带来的影响已不能忽视。

上述一系列难点,使得我们无法应用现有的技术有效地处理海量中文文本。为此,我们放弃了文本是一系列词汇组合的观点,转而从序列的视角,提出一种基于最长分段连续公共子序列(Longest Common Segmented Consecutive Subsequence, LCSCS)的中文短文本热点序列发现算法。该算法通过计算两两短文本字符序列之间的共同部分,发现其中的频繁子序列。

在发现频繁序列的基础上,根据这些频繁序列在短文本中的同现性,可构建关联网络,从而进一步进行聚类分析并生成热点主题。可以看出,该方法中并无一般中文信息处理中的分词过程,而是直接以字符序列作为基本的处理单位,由此避免了将分词过程所带来的不利影响带入后续的分析中。并且,在对大量短文本的 LCSCS 矩阵进行实证分析的基础上,我们提出了基于 LCSCS 的短文本的特征提取算法,以及基于最小覆盖的短文本集合中典型文本选取算法,并对新发现的一些统计规律进行了描述。此外,为了实现频繁 LCSCS 的快速挖掘,我们还实现了对频繁闭序列挖掘算法 BIDE 的修订,以及采用序列挖掘与中文分词结合的方式处理一般长度文本。

本章主要对基于 LCSCS 的热点序列的挖掘算法进行阐述。而根据同现性构建关联网络并通过聚类分析生成热点话题将在下一章中进行介绍。

2.2 基于 LCS 的海量中文文本热点序列挖掘算法

2.2.1 定义与前提假设

TDT 将话题定义为特定的事件或活动及与之相关的事件或活动,因此,热点话题可以理解为引起了大量关注的话题。现在对热点话题做出以下前提假设:

(1)热点话题一定在大量短文本中频繁提到;

(2)热点话题一定可以用短文本中的字符序列表示。

那么,热点话题发现的关键任务之一,即发现在大量短文本中频繁出现的公共部分。

定义短文本之间公共部分的方式很多,其中最为广泛使用的方法是最长公共子序列(Longest Common Subsequence,LCS)。其定义如下。

定义 2.1 子序列、公共子序列与最长公共子序列

给定序列 $X = \{x_1, x_2, \cdots, x_n\}$,序列 $Y = \{y_1, y_2, \cdots, y_m\}$。若 Y 是 X 的子序列,则存在一个严格递增的 X 的下标序列 $\{i_1, i_2, \cdots, i_m\}$,使得对任意的 $j = 1, 2, \cdots, m$,有 $x_{i_j} = y_j$。给定三个序列 X, Y 和 Z,如 Z 同时是 X 的子序列和 Y 的子序列,则称 Z 是 X, Y 的公共子序列。X, Y 的公共子序列中最长的一个称为 X, Y 的最长公共子序列。

但是,由于单个汉字一般不表达完整意义,所以简单地对中文字符串提取最长公共子序列,会导致荒谬的结果(见表 2-1)。

表 2-1 中文字符串的 LCS

文本 A	打人事件的反思
文本 B	打扫卫生人人有责
LCS	打人

因此,下面引入最长分段连续公共子序列的概念。

定义 2.2 分段连续子序列、分段连续公共子序列与最长分段连续公共子序列

给定序列 $X = \{x_1, x_2, \cdots, x_n\}$,序列 $Y = \{y_1, y_2, \cdots, y_m\}$。若 Y 是 X 的分段连续子序列,则存在一个严格递增的 X 的下标序列 $\{i_1, i_2, \cdots, i_m\}$,使得对任意的 $j = 1, 2, \cdots, m$,有 $x_{i_j} = y_j$,并且有 $i_j = i_{j-1} + 1$ 或 $i_j = i_{j+1} - 1$。给定三个序列 X, Y 和 Z,如 Z 同时是 X 的子

序列和 Y 的分段连续子序列,则称 Z 是 X,Y 的分段连续公共子序列。X,Y 的公共子序列中最长的一个称为 X,Y 的最长分段连续公共子序列。

从定义上看,与一般子序列相比,两个定义的区别仅在定义中画有下划线部分有所不同,即分段连续子序列要求子序列在原序列中任意两个对应的相邻下标,必须为左连续或右连续。按照该定义,重新计算表 2-1 中的文本(见表 2-2)。

表 2-2　中文字符串的 LCSCS

文本 A	打人事件的反思
文本 B	打扫卫生人人有责
LCSCS	$\varnothing$(空字符串)

显然,对于中文字符串来说,LCSCS 得到了更为合理的结果。

2.2.2　LCSCS 算法

LCSCS 的定义与 LCS 极为相似,除了增加了一个约束条件,因此,针对于两个文本序列的 LCSCS 的计算,可以在 Wagner 的动态编程算法的基础上进行,其算法复杂度为 $O(|x||y|)$,其中 $|x|,|y|$ 分别为两个字符串的长度。除了动态编程的算法外,还有多种时间负责度更低的算法,但由于我们主要处理的是短文本,所以差别并不明显。算法 2.1 示意如下。

算法 2.1　LLCSCS(计算两个序列 x,y 的 LCSCS 的长度)

LLCSCS (x,y)	$\triangleright$　$m=|x|,n=|y|,\boldsymbol{T}=[t_{i,j}]_{(m+1)\times(n+1)}$
1	begin
2	$t_{i,j} \leftarrow 0$
3	$\alpha \leftarrow \text{FALSE},\beta \leftarrow \text{FALSE}$
4	for $i=1$ to m do
5	$\beta = \text{FALSE}$
6	for $j=1$ to n do
7	$\beta \leftarrow (x_i = y_j)$
8	if $(x_{i-1} = y_{j-1}) \wedge (\alpha \vee \beta)$ then
9	$t_{i,j} \leftarrow t_{i-1,j-1} + 1$
10	$\beta \leftarrow \alpha \vee \beta$
11	else if $t_{i-1,j} \geqslant t_{i,j-1}$ then
12	$t_{i,j} \leftarrow t_{i-1,j}$
13	else $t_{i,j} \leftarrow t_{i,j-1}$
14	$\alpha \leftarrow \beta$
15	return $t_{m,n}$
16	end

在上述计算中生成的 LCSCS 的长度 $t_{m,n}$ 及矩阵 $\boldsymbol{T}$ 可以用来计算对应的 LCSCS 序列,见算法 2.2。

算法 2.2 LCSCS(计算两个序列 x , y 的 LCSCS 的长度)

LCSCS (x, y)	$\triangleright$ $m = \lvert x \rvert$, $n = \lvert y \rvert$, $l = \text{LCSCS}(x, y)$ AND $k = \lvert l \rvert = t_{m,n}$
1	begin
2	while $k > 0$
3	if $t_{i,j} = t_{i-1,j}$ then $i \leftarrow i - 1$
4	else if $t_{i,j} = t_{i,j-1}$, then $j \leftarrow j - 1$
5	else
6	$k \leftarrow k - 1$
7	$l_k \leftarrow x_{i-1}$
8	$i \leftarrow i - 1$
9	$j \leftarrow j - 1$
10	return l
11	end

由算法 2.2 可以看出,计算两则短文本 x, y 的 LCSCS 的时间复杂度也为 $O(\lvert x \rvert \times \lvert y \rvert)$ 。

那么,如何计算大量的短文本中频繁出现的最长分段连续公共子序列呢? 一种较为直接的方法是,首先计算任意两两短文本之间的 LCSCS,然后对其进行计数,并由此选取一定阈值以上的作为频繁子序列。显然,如果按照这种计算方式,本计算步骤的时间复杂度为 $O(C_N^2) \sim O(n^2)$ 。

定义对于 N 个短文本 $\{T_1, T_2, \cdots, T_N\}$,其 LCSCS 矩阵为

$$\text{LCSCS\_Matrix}(T_1, T_2, \cdots, T_n) \underset{=}{\text{def}}$$

$$\begin{bmatrix} \text{LCSCS}(T_1, T_1) & \text{LCSCS}(T_1, T_2) & \cdots & \text{LCSCS}(T_1, T_n) \\ \text{LCSCS}(T_2, T_1) & \text{LCSCS}(T_2, T_2) & \cdots & \text{LCSCS}(T_2, T_n) \\ \vdots & \vdots & & \vdots \\ \text{LCSCS}(T_n, T_1) & \text{LCSCS}(T_n, T_2) & \cdots & \text{LCSCS}(T_n, T_n) \end{bmatrix} \tag{2-1}$$

显然,该矩阵为对称矩阵,且对角线元素为自身。则可定义下三角矩阵来代表该矩阵,以减少存储所需的空间,即

$$\text{LCSCS\_DMatrix}(T_1, T_2, \cdots, T_n) \underset{=}{\text{def}}$$

$$\begin{bmatrix} 0 & 0 & \cdots & 0 \\ \text{LCSCS}(T_2, T_1) & 0 & \cdots & 0 \\ \vdots & \vdots & & \vdots \\ \text{LCSCS}(T_n, T_1) & \text{LCSCS}(T_n, T_2) & \cdots & 0 \end{bmatrix} \tag{2-2}$$

在实际应用中,经常需要实现的是诸如每天分析到今天为止最近一周内的数据。在这种滑动窗口的计算方式下,通过存储已计算过的数据,则可以实现增量计算,大大降低运算的时间复杂度。

如图 2-1 所示,设滑动窗口宽度为 i ,LCSCS_DMatrix$(T_{i+1}, T_{i+2}, \cdots, T_{i+n})$ 中的数据共计 C_n^2 条,其中, C_{n-i}^2 条在 LCSCS_DMatrix$(T_1, T_2, \cdots, T_n)$ 中已计算过,因此,实际增量计算

LCSCS 的时间复杂度为 $O(C_n^2 - C_{n-i}^2) \sim O(n)$ 。

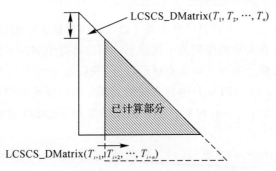

图 2-1　滑动窗口方式下 LCSCS 的增量计算

此外,可以看出,由于两两字符串之间 LCSCS 的计算是完全独立的,所以,其计算过程可以高度并行完成。

2.2.3　LCSCS 计算结果的实证分析

在本节中将对短文本计算出的 LCSCS 结果进行实证上的分析,并以此为依据探讨使用 LCSCS 分析中文短文本热点主题的有效性。

以一个容量为 1 000 的测试数据集为例,字符串后括号内的数字为出现次数。LCSCS 计算结果如下:

毛泽东(129)　主席(63)　纪念(61)　中国(58)　毛主席(51)　一个(48)　——(47)　念毛(46)　经济(46)　什么(40)　市场(39)　纪念毛(38)　文章(37)　没有(36)　不是(36)　就是(35)　纪念毛泽东(33)　!!(33)　历史(32)　了,(32)　念毛泽东(31)　期货(30)　的人(30)　美国(29)　发展(29)　问题(28)　人民(27)　10(27)　你的(26)　阶级(26)　了。(25)　我们(25)　!!!(25)　英雄(24)　社会(23)　资本(22)　--(22)　,你(22)　人的(22)　,但(21)　周年(21)　价格(21)　世界(21)　,我(21)　念毛主席(20)　纪念诞辰(20)　可以(20)　思想(20)　吗?(20)　现在(20)　市场经济(20)　的文(19)　国人(18)　伟大(18)　这个(18)　---(17)　毛泽东 10(17)　国的(17)　好!(17)　风险(17)　纪念主席(17)　期货市场(17)　知识(17)　经济经济(16)　这是(16)　革命(16)　大的(16)　好文(16)　国家(16)　的,(16)　——毛泽东(15)　有一(15)　人,(15)　知道(15)　为什么(15)　同志(15)　是一(15)　说的(15)　怀念(14)　人家(14)　主义(14)　的一(14)　还是(14)　的。(14)　关于(14)　毛泽东毛泽东(14)　纪念毛主席(14)　毛泽东的(14)　是不是(14)　不能(14)　我的(14)　,不(14)　哈哈(14)　文革(14)　的文章(14)　领袖(13)　,这(13)　农民(13)　民的(13)　政府(13)　不错(13)　这样(13)　纪念毛诞辰 109 周年(13)　自己(13)　应该(13)　是不(13)　商品(12)　诞辰 109 周年(12)　的大(12)　道理(12)　～～～～～(12)　纪念毛泽东周年(12)　好的(12)　产阶级(12)　本质(12)　”的(12)　民族(12)　他的(12)　主要(12)　时代(12)　吧?(11)　数学(11)　怎么(11)　如果(11)　重要(11)　先生(11)　毛泽东——(11)　纪念毛泽东诞辰(11)　纪念毛泽东同志(11)　毛泽东思想(11)　老人(11)　中国人(11)　金融(11)　错误(11)　人的人(11)　来的(11)　观点(11)　今天(11)　人民的(11)　伟大的(11)　大家(11)　,可(11)　政治(11)　认为(11)　纪念毛泽东诞辰 109 周年(11)　个人(11)　们的(11)　教育(10)　的经(10)　市场市场(10)　大规模(10)　啊。(10)　纪念毛泽东 109(10)　是毛(10)　的好(10)　～～～～～～～～(10)　伟人(10)　论坛(10)　大学(10)　家的(10)　老人家(10)　看看(10)　,就

（10）　的领（10）　，那（10）　----（10）　功能（10）　人们（10）　吧！（10）　你的的（10）　如何（10）　思维（10）

由上述结果可以看出，这些频繁序列还是可以反映出数据集内的热点话题的（如纪念毛泽东诞辰等），但是其中也有大量的序列为干扰信息。后面将介绍如何尽量清除这些干扰信息。

除了从提取出来的热点序列了解热点话题以外，我们还分析了每个短文本与数据集中其他短文本 LCSCS 数量与 LCSCS 本身内容之间的关系。我们以此试图根据短文本中包含的热点 LCSCS 来简要描述该短文本的内容。一些测试结果如下（取自容量为 1 000 的测试数据集）：

（1）（Total 194 references）非典（104）　中国（87）　死亡（2）　没错（1）＜回李贽：中国非典死亡统计计算没错＞；

（2）（Total 141 references）非典（106）　建议（18）　的"（6）　病人（5）　方法（3）　治疗（2）　"非（1）＜俺的"非典"治疗方法（建议临床轻病人验用＞；

（3）（Total 90 references）问题（30）　华为（19）　网友（14）　媒体（12）　看法（5）　探讨（3）　法的（3）　的评（1）　良知（1）　的评论（1）　co（1）＜华为问题探讨之二：对媒体良知，cooltry 等网友看法的评论＞；

（4）（Total 86 references）孙志刚（23）　关于（13）　文章（11）　转贴（10）　的文章（7）　人员（6）　"的（4）　所有（3）　外来（2）　发表（2）　的文（2）　""（1）　天发（1）　的有"（1）＜{转贴}采石工在孙志刚出事那天发表的关于户口、"民工"的文章，祝所有"外来务工人员"节日平安！幸福！＞；

（5）（Total 21 references）为了（7）　也不（5）　理解（3）　要多（2）　人要（2）　生，（2）＜为了生存，离乡背井，出外谋生，谁也不想，城里人要多些理解＞；

（6）（Total 8 references），可（3）　!!（2）　!!!（1）　给我（1）　可丢（1）＜亡羊补牢，可丢了羊谁给我???!!!! ＞。

测试结果中，Total XXX references 代表该短文本与多少个其他短文本存在长度大于 0 的 LCSCS，其后是提取出的 LCSCS 及其数量，＜ ＞中的文本为原始短文本。

根据得到的大量测试结果，我们发现，在大多数情况下，若该短文本与较多的其他短文本存在 LCSCS，则其 LCSCS，尤其计数值较高的 LCSCS，一般可以较好地代表该短文本的内容，即为其关键词（组）。如上述测试结果中，前四条短文本，排名靠前的 LCSCS 对其内容要点具有较好的概况性；而最后两条短文本，由于本身与其他短文本共同部分较少，其提取的 LCSCS 也不具有代表性。

在文档的关键词分析中，一般需要借助词汇在文档中的概率分布等统计信息。长文本词汇样本容量大，可以利用统计信息对其有效处理；而短文本往往由于其小样本的特性，内在的统计规律往往被随机性掩盖。

而经过上述 LCSCS 统计结果的实证，可以认为该方法是一种有效的提取短文本中关键特征的方法，尤其是对短文本集合中，涉及较为普遍谈及的话题的短文本，该方法具有较高的精度。

将其归纳为算法 2.3：基于 LCSCS 的短文本特征提取算法（LCSCS based Feature Selection，LFS）。

算法 2.3　LFS（计算短文本 d_i 基于文档集 D 的特征）

LFS(d_i, D)	$\triangleright D = \{d_1, d_2, \cdots, d_n\}$

begin

- $L_i \equiv \{\text{LCSCS}(d_i, d_1), \text{LCSCS}(d_i, d_2), \cdots, \text{LCSCS}(d_i, d_n)\}$

- $K_i \equiv \text{unique}(L_i) = \{k_{i1}, k_{i2}, \cdots, k_{im}\}$

  $V_i \equiv \{\text{count}(k_{i1} \text{ in } L_i), \text{count}(k_{i2} \text{ in } L_i), \cdots, \text{count}(k_{im} \text{ in } L_i)\}$

  $= \{v_{i1}, v_{i2}, \cdots, v_{im}\}$

- sort (k_{ij}, v_{ij}) by v_{ij}

- end

2.2.4　LCSCS 计算结果的统计分析

本小节主要关注从统计上,大量文本的 LCSCS 存在的一些统计规律。

我们对人民网强国论坛 2002 年的发帖数据选取了部分作为实验数据,进行了 LCSCS 的计算,主要关注了以下参数:

(1)长度分布:即两两短文本之间的 LCSCS,不同长度的 LCSCS 在数量上的分布;

(2)非零比例:即计算两两短文本之间 LCSCS 长度不为 0 的数量,占全部组合的比例;

(3)双字比例:即计算两两短文本之间 LCSCS 长度为 2 的数量,占全部非零长度 LCSCS 的比例;

(4)最小覆盖:即计算为覆盖 90% 以上的热点序列,至少需要多少篇短文本;

(5)引用度分布:所谓引用度是指某一短文本与其他多少短文本有长度大于 0 的 LCSCS。此处将关注不同的引用度在数量上的分布。

在数据集的选取上,为保证分析结果的可靠性,采用了如下方式选取测试数据集。

测试数据集容量大小分别为 100,200,300,400,500,600,700,800,900,1 000,1 200,1 500,2 000,2 500。

从全体数据中抽取一段时间内论坛发布的所有发帖,共计 6 000 篇作为短文本数据集并按发帖时间排序。以随机起点为开始,按时间顺序选取指定数量的短文本构成测试数据集,其中数据容量大小为 100 的共构建 10 个测试集,200 的 10 个,200 的 10 个,400 的 10 个,500 的 10 个,600 的 10 个,700 的 8 个,800 的 7 个,900 的 6 个,1 000 的 6 个,1 200 的 5 个,1 500 的 4 个,2 000 的 3 个,2 500 的 2 个。

测试数据集相关统计结果及其分析如下。

(1)长度分布。以数据容量为 2 000 的 3 个测试集为例,实验结果如下。

1)对于 1 号测试集,其 LCSCS 的长度值分别为 2,3,4,5,6,7,8,9,10,11,12,13,14,15,16,17,18,19,20,21,22,23,24,25,26,27,28,29,30,31,32,33,34,35,36,37,38,39,41,42,44,46,47,50;对应的 LCSCS 的数量分别为 134 178,13 434,8 614,1 595,1 265,230,126,66,49,22,13,27,3,7,11,7,5,9,8,1,6,7,5,80,5,13,2,1,4,2,2,3,3,1,1,2,1,1,1,1,3,3,2。

2)对于 2 号测试集,其 LCSCS 的长度值分别为 2,3,4,5,6,7,8,9,10,11,12,13,14,15,16,17,18,19,20,21,22,23,24,25,26,27,28,30,31,32,33,34,35,36,38,39,40,41,44,45,49,50;对应的 LCSCS 数量分别为 130 953,14 728,7 634,1 572,1 091,278,154,55,39,23,12,17,15,4,7,6,5,1,6,11,4,1,3,5,2,2,5,1,1,2,3,5,1,4,3,1,1,1,4,1,2,4。

3) 对 3 号测试集,LCSCS 长度值分别为 2,3,4,5,6,7,8,9,10,11,12,13,14,15,16,17, 18,19,20,21,22,23,24,25,28,29,30,31,32,34,35,36,37,40,44,50;对应的 LCSCS 数量分别为 122 404,10 973,8 149,1 434,702,211,155,47,42,34,51,26,13,17,21,28,13,24,39,4, 3,4,1,5,1,3,3,6,2,2,7,1,2,2,1,1。

根据以上实验数据,以横轴为 LCSCS 的长度,纵轴为长度大于给定值的 LCSCS 的数量。采用双对数坐标,得到如图 2-2 所示的曲线。

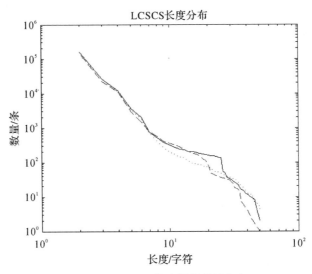

图 2-2　LCSCS 长度累积数量分布

由图 2-2 所示的曲线可以看出,3 个测试集中 LCSCS 长度与数量的分布,尤其是在长度值较小的部分,是相当吻合的。并且可以观察到的是,数据大致分布在一条直线上。在其他数据规模的语料集中,也同样发现了类似现象。

联系自然语言处理中的 Zipf 法则,即大型语料库中词汇频率 f 与其按照出现次数排名的次序 r,存在如下关系:

$$f \propto \frac{1}{r} \tag{2-3}$$

对于大量短文本构成的语料库,其两两之间的 LCSCS 的长度与其累计数量,也存在类似的关系,符合幂律分布,即

$$n_{\text{cmulated}} \propto Cl^{-\alpha} \tag{2-4}$$

而这与 Zipf 法则中最小精力付出原理的实质是吻合的。

(2)非零比例。实验数据见表 2-3。

表 2-3　非零长度 LCSCS 数量

数据容量	LCSCS 数量									
100	400	343	404	341	500	344	433	568	446	419
200	1 254	1 490	1 655	2 374	1 477	1 464	1 400	1 519	1 501	1 643
300	3 417	3 224	4 047	3 085	3 513	4 388	3 205	3 159	3 361	3 684

续 表

数据容量	LCSCS 数量									
400	5 793	6 655	5 839	6 003	7 362	5 612	6 001	7 451	6 697	6 514
500	9 426	10 171	8 847	10 690	8 909	9 742	11 512	10 079	10 275	10 801
600	13 024	13 578	14 979	12 608	13 948	16 007	15 175	13 695	16 465	13 206
700	17 582	17 851	20 234	17 648	21 858	20 400	19 162	19 809		
800	24 040	23 093	25 302	26 687	26 208	25 460	26 024			
900	30 947	30 775	28 939	34 777	32 688	35 107				
1 000	37 963	37 589	36 890	42 369	41 242	39 737				
1 200	52 363	53 883	59 548	57 357	58 535					
1 500	81 148	85 753	93 377	90 525						
2 000	144 747	157 208	160 147							
2 500	221 847	254 932	221 847							

数据的均值与方差见表 2-4。

表 2-4 非零 LCSCS 长度的均值与方差

数据容量	均　值	方　差
100	0.084 808 080 808 080 8	0.014 715 245 443 336 66
200	0.081 844 221 105 527 64	0.015 232 460 037 799 959
300	0.078 222 965 440 356 74	0.009 398 128 053 255 793
400	0.080 109 022 556 390 99	0.008 160 521 957 322 92
500	0.080 522 645 290 581 17	0.006 765 123 494 347 258
600	0.079 401 780 745 687 24	0.007 306 901 278 949 333 4
700	0.078 961 782 137 747 81	0.006 309 908 702 018 494
800	0.079 033 613 445 378 15	0.003 987 526 236 316 8
900	0.079 608 206 649 363 5	0.006 010 720 858 784 263
1 000	0.078 675 342 008 675 35	0.004 377 409 980 939 75
1 200	0.078 311 370 586 599 94	0.004 284 239 586 706 467
1 500	0.078 008 227 707 360 46	0.004 788 036 816 932 646
2 000	0.077 055 527 763 881 94	0.004 090 006 200 323 046 5
2 500	0.076 315 166 066 426 58	0.007 489 276 624 427 988

定义参数耦合度为

$$Coup = \frac{LCSCS\_CNT}{C_N^2} \tag{2-5}$$

式中,LCSCS_CNT 为 LCSCS 长度大于 0 的数量。然后对同等数据容量的实验数据取均值,获取耦合度与数据容量之间的关系如图 2-3 所示。

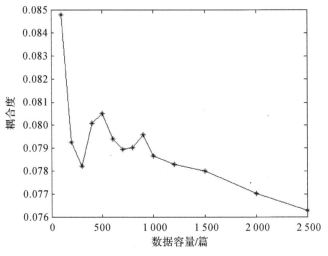

图 2-3 耦合度与数据容量关系

由图 2-3 可以看出耦合度随测试集容量的大小缓慢降低。进一步的实验表明,短文本之间的耦合度与数据源具有一定关系,即来自不同数据源(如不同的论坛),其耦合度有所不同,但一般处于 5%～10% 的范围内;但在同样的数据源内,容量相同的数据集耦合度大体相同。

对于该现象的一种可能的解释为:在同一个数据源内,在一段时间内用户群相对稳定,感兴趣方面(与用户的个人情况相关)相对稳定,因而形成大致不同的几个讨论方向,使得数据源内短文本的耦合度大致保持恒定。数据容量的增大带来时间跨度上的增大,有可能使话题进一步分散。

很明显,短文本之间的耦合度是较低的。反映在短文本的 LCSCS 矩阵上,则说明该矩阵为稀疏矩阵。该结果为 LCSCS 矩阵用稀疏矩阵存储提供了实证基础。图 2-4 和图 2-5 所示分别是容量为 100 及 300 的数据集的 LCSCS 矩阵(下三角阵形式)示意图。

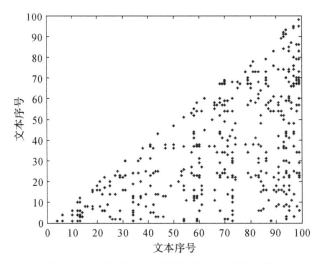

图 2-4 容量为 100 的数据集的 LCSCS 矩阵

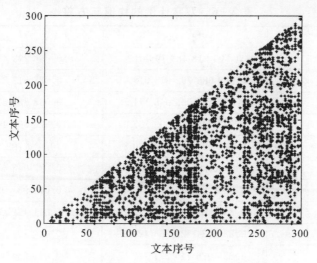

图 2-5　容量为 300 的数据集的 LCSCS 矩阵

（3）双字比例。双字比例定义为

$$DWordRatio = \frac{DWordCnt}{LCSCSCnt} \tag{2-6}$$

即 LCSCS 中长度为 2 的数量与所有长度大于 0 的 LCSCS 数量的比值。

关注长度为 2 的 LCSCS，是因为绝大多数中文词语的长度为 2，所以长度为 2 的 LCSCS 很有可能是一个词。该参数可以粗略反映 LCSCS 在表达话题方面的语义单一性，并且也可反映出短文本之间的字面相似程度。双字比例数据实验结果见表 2-5。

表 2-5　双字比例数据

数据容量	双字比例数据									
100	0.837 5	0.836 7	0.797 0	0.803 5	0.820 0	0.758 7	0.757 5	0.735 9	0.822 9	0.823 4
200	0.811 0	0.838 9	0.816 3	0.724 1	0.816 5	0.822 4	0.852 9	0.851 2	0.800 8	0.810 7
300	0.831 7	0.820 1	0.809 9	0.827 9	0.842 0	0.745 0	0.829 6	0.840 1	0.844 1	0.823 5
400	0.832 6	0.806 3	0.842 0	0.838 4	0.795 1	0.849 3	0.846 5	0.796 5	0.822 3	0.794 9
500	0.833 7	0.833 0	0.842 8	0.797 8	0.847 5	0.833 9	0.806 7	0.806 0	0.831 1	0.828 3
600	0.836 3	0.834 6	0.810 3	0.841 8	0.838 2	0.812 3	0.809 4	0.831 9	0.836 3	0.816 6
700	0.830 1	0.850 0	0.817 2	0.846 2	0.815 0	0.810 0	0.840 0	0.826 2		
800	0.828 8	0.854 3	0.829 9	0.831 3	0.815 9	0.833 5	0.829 7			
900	0.835 8	0.830 9	0.847 5	0.818 3	0.820 6	0.835 4				
1 000	0.842 9	0.831 1	0.845 8	0.816 4	0.841 8	0.831 6				
1 200	0.844 7	0.840 5	0.828 4	0.825 2	0.834 8					
1 500	0.848 8	0.842 3	0.826 6	0.833 7						
2 000	0.846 9	0.835 1	0.839 1							
2 500	0.851 2	0.835 1	0.851 2							

数据的均值与方差见表 2-6。

表 2-6　双字比例的均值与方差

数据容量	均　值	方　差
100	0.799 318 463 193 045	0.036 299 487 842 335 415
200	0.809 685 792 614 013 5	0.037 813 293 395 047 555
300	0.821 412 005 048 141 7	0.028 835 519 812 423 435
400	0.822 406 865 309 787 9	0.022 301 442 468 758 773
500	0.826 066 311 189 760 8	0.016 702 910 512 001 5
600	0.826 790 200 457 034	0.012 943 470 689 313 704
700	0.829 321 617 750 115 4	0.014 937 028 032 226 572
800	0.831 932 541 028 896 2	0.011 412 136 118 020 392
900	0.831 424 528 763 429 6	0.010 781 394 104 814 242
1 000	0.834 926 445 271 977 8	0.010 934 354 438 321 435
1 200	0.834 703 946 757 468 2	0.008 105 141 570 963 67
1 500	0.837 869 309 192 159 5	0.009 729 087 261 161 64
2 000	0.840 367 947 352 707	0.005 976 190 898 847 856 5
2 500	0.843 162 918 988 56	0.011 428 835 461 604 971

根据双字比例均值,可得到双字比例与数据容量的关系曲线如图 2-6 所示。

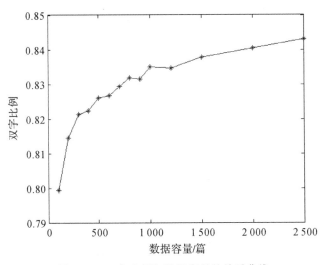

图 2-6　双字比例与数据容量的关系曲线

从该结果可以看出,双字比例在 0.8~0.85 之间,随数据容量的增大逐渐缓慢增加。该结果说明,大多数短文本之间的字面重复内容较少,且重复部分一般仅表达一个语义,很多情况下仅为一个词汇。这一点也为通过停用词列表净化热点序列提供了可能。

(4)引用度分布。所谓引用度是指某一短文本与其他多少短文本有长度大于 0 的 LCSCS。此处将关注不同的引用度在数量上的分布。用图的概念来描述即为,以短文本为图中的节点,若两则短文本之间 LCSCS 长度大于 0,则在两节点之间连一条边。那么所谓的引用度分布实质上就是图节点的度的分布。

以 3 个容量为 2 000 的测试集为例,实验数据如下。

1)对 1 号测试集,图中的度包括 0,1,2,3,4,5,6,7,8,9,10,11,12,13,14,15,16,17,18,19,20,21,22,23,24,25,26,27,28,29,30,31,32,33,34,35,36,37,38,39,40,41,42,43,44,45,46,47,48,49,50,51,52,53,54,55,56,57,58,59,60,61,62,63,64,65,66,67,68,69,70,71,72,73,74,75,76,77,78,79,80,81,82,83,84,85,86,87,88,89,90,91,92,93,94,95,96,97,98,99,100,101,102,103,104,105,106,107,108,109,110,111,112,113,114,115,116,117,118,119,120,121,122,123,124,125,126,127,128,129,130,131,132,133,134,135,136,137,138,139,140,141,142,143,144,145,146,147,148,149,150,151,152,153,154,155,156,157,158,159,160,161,162,163,164,165,166,167,168,169,170,171,172,173,174,175,176,177,178,179,180,181,182,183,184,185,186,187,188,189,190,191,192,193,194,195,196,197,198,199,200,201,202,203,204,205,206,207,208,209,210,211,212,213,214,215,216,217,218,220,221,222,224,225,226,227,228,229,230,231,232,233,234,235,236,237,238,239,240,241,242,243,244,245,246,247,248,249,250,251,252,253,254,255,256,257,258,259,260,261,262,263,264,265,267,268,269,270,271,272,273,274,275,276,277,278,279,280,282,283,284,286,287,288,289,290,291,292,293,294,295,296,298,299,300,301,302,303,304,305,306,307,308,310,312,313,314,315,316,317,319,320,321,322,323,324,325,326,327,329,332,333,334,335,336,337,338,339,340,341,342,343,344,346,347,349,352,354,355,356,357,361,362,365,366,367,368,369,372,373,377,380,382,383,384,386,387,388,389,390,392,393,394,395,396,399,402,406,409,413,414,415,416,417,418,420,421,425,427,433,435,439,443,446,450,453,459,462,466,470,474,481,482,487,488,497,501,504,509,533,535,551,559;对应的节点数量分别为 20,12,15,5,7,18,8,12,9,8,12,3,7,6,8,11,10,11,16,10,5,12,8,9,9,16,6,8,9,4,8,4,14,8,5,13,7,11,8,8,7,7,11,5,4,9,3,8,6,5,10,10,13,4,9,11,4,8,7,13,8,10,2,14,13,6,8,9,8,10,9,12,6,8,6,12,8,10,6,9,5,5,9,5,6,8,11,6,8,4,8,7,6,2,7,6,3,7,8,5,8,5,8,9,10,5,3,5,7,6,4,9,12,3,16,17,6,9,12,13,4,3,8,5,4,3,6,8,6,8,5,9,10,2,8,6,3,6,4,7,6,6,6,3,5,7,3,7,7,3,5,2,11,3,3,10,7,4,8,2,2,7,3,2,9,5,5,4,13,4,5,4,2,6,6,3,6,5,10,10,5,3,6,6,2,3,2,2,1,4,7,4,4,5,1,4,4,6,1,6,2,7,5,1,2,9,7,6,6,5,5,7,1,8,5,5,8,6,5,7,7,1,7,7,2,4,5,4,9,3,5,4,4,2,4,5,2,5,5,4,5,5,4,5,3,3,4,3,3,3,4,3,3,4,1,6,6,3,5,8,4,2,6,6,1,3,3,5,6,3,7,2,3,5,3,4,4,3,1,1,1,7,4,4,3,1,1,1,3,3,1,1,3,5,1,1,1,2,4,3,2,5,1,4,3,1,3,1,4,2,5,1,5,4,2,6,1,3,4,1,4,1,1,1,1,2,2,1,2,4,1,2,1,2,2,4,1,2,2,2,1,2,1,2,2,2,1,1,2,2,1,1,1,1,2,1,2,1,1,1,4,2,1,2,2,1,6,2,3,1,3,1,4,1,1,1,1,1,1,1,1,1,1,1,1,1,1,2,1,1,1,1,1,1,1,1,2,1,2,1,1,2,1,1,1。

2)对 2 号测试集,图中的度包括 0,1,2,3,4,5,6,7,8,9,10,11,12,13,14,15,16,17,18,19,20,21,22,23,24,25,26,27,28,29,30,31,32,33,34,35,36,37,38,39,40,41,42,43,44,45,46,47,48,49,50,51,52,53,54,55,56,57,58,59,60,61,62,63,64,65,66,67,68,69,70,71,72,73,74,75,76,77,78,79,80,81,82,83,84,85,86,87,88,89,90,91,93,94,95,96,97,98,99,100,101,102,103,104,105,106,107,108,109,110,111,112,113,114,115,116,117,118,119,120,121,122,123,124,125,126,127,128,129,130,131,132,133,134,135,136,137,138,139,140,141,142,143,144,145,146,147,148,149,150,151,152,153,154,155,156,157,

158,159,160,161,162,163,164,165,166,167,168,169,170,171,172,173,174,175,176,177,
178,179,180,181,182,183,184,185,186,187,188,189,190,191,192,193,194,195,196,197,
198,199,200,201,202,203,204,205,206,207,208,209,210,211,212,213,214,216,217,218,
220,221,222,223,224,225,226,227,228,229,230,231,232,233,234,235,236,237,238,239,
240,242,243,244,245,246,247,248,249,250,251,252,253,254,255,256,257,258,259,260,
261,262,263,264,265,266,267,268,269,270,271,272,273,274,275,276,277,278,279,280,
281,282,283,284,285,286,287,289,290,291,292,293,294,295,296,297,298,299,300,301,
302,303,304,305,306,307,308,309,310,311,312,313,314,315,316,317,318,319,320,321,
322,323,324,325,326,327,328,329,330,331,332,333,334,335,337,338,339,340,341,344,
345,346,347,348,350,351,352,353,355,356,357,359,360,361,362,363,364,365,366,368,
369,370,373,374,376,377,378,380,381,382,384,385,387,388,389,390,394,396,398,402,
403,404,405,408,409,411,414,415,416,417,418,419,421,422,424,426,427,428,430,432,
433,434,435,436,438,439,441,442,443,444,449,453,454,456,457,462,467,468,472,476,
480,483,484,489,491,500,506,509,511,514,516,525,532,535,545,552,561,581,622,630；
对应的节点数量为 20,19,11,10,10,8,7,3,11,5,14,2,13,11,8,5,9,5,6,12,8,8,7,6,11,4,
5,9,7,5,9,7,13,6,4,10,8,4,15,8,5,7,10,9,5,5,6,3,7,6,6,17,7,1,4,5,8,4,6,11,6,5,7,
5,9,4,8,11,9,9,6,7,7,9,6,8,9,4,9,5,5,10,13,7,11,4,6,9,4,5,6,4,13,9,8,10,7,12,7,
10,3,7,13,2,5,8,7,9,9,7,13,8,11,3,6,6,5,4,8,1,9,1,6,6,9,3,8,7,5,4,5,7,6,8,5,9,6,
2,5,10,7,6,4,4,6,6,13,5,9,6,6,14,2,3,4,1,10,7,8,7,4,6,4,2,6,5,9,6,9,5,9,7,7,8,2,
6,6,4,5,4,7,8,4,3,5,7,5,9,5,4,6,3,4,6,3,3,9,4,4,5,4,3,4,3,5,2,4,5,5,8,3,4,7,5,
11,2,2,4,6,4,6,5,6,5,5,2,8,2,2,6,3,1,2,4,3,4,3,6,5,2,3,2,3,4,5,3,5,1,5,4,1,4,3,
3,4,6,2,3,3,3,3,3,6,1,5,1,2,3,8,3,1,1,5,4,5,3,5,3,4,6,4,1,4,5,1,3,4,2,4,2,2,1,5,
4,1,1,1,1,2,3,1,3,5,4,2,7,1,4,2,1,3,1,2,3,6,2,3,3,2,2,5,3,3,1,2,4,2,2,3,3,1,1,3,
1,2,1,4,2,1,3,2,2,2,1,5,1,2,1,4,2,2,1,1,1,1,1,1,3,1,2,1,1,1,2,2,4,1,5,1,2,3,2,2,3,
1,2,1,1,1,1,1,3,1,1,1,2,1,1,1,1,4,3,2,2,1,3,2,3,1,1,1,1,1,1,1,1,2,1,1,2,1,1,3,2,
1,1,1,1,1,1,1,2,1,2,2,1,1,1,1,1,1,3,1,1,1,1,1,1。

3）对 3 号测试集,图中的度包括 0,1,2,3,4,5,6,7,8,9,10,11,12,13,14,15,16,17,18,
19,20,21,22,23,24,25,26,27,28,29,30,31,32,33,34,35,36,37,38,39,40,41,42,43,44,
45,46,47,48,49,50,51,52,53,54,55,56,57,58,59,60,61,62,63,64,65,66,67,68,69,70,
71,72,73,74,75,76,77,78,79,80,81,82,83,84,85,86,87,88,89,90,91,92,93,94,95,96,
97,98,99,100,101,102,103,104,105,106,107,108,109,110,111,112,113,114,115,116,
117,118,119,120,121,122,123,124,125,126,127,128,129,130,131,132,133,134,135,136,
137,138,139,140,141,142,143,144,145,146,147,148,149,150,151,152,153,154,155,156,
157,158,159,160,161,162,163,164,165,166,167,168,169,170,171,172,173,174,175,176,
177,178,179,180,181,182,183,184,185,186,187,188,189,190,191,192,193,194,195,196,
197,198,199,200,201,202,203,204,205,206,207,208,209,210,211,212,213,214,215,216,
217,218,219,220,221,222,223,224,225,226,227,228,229,230,231,232,233,234,235,237,
238,239,240,241,242,243,244,245,246,247,248,249,250,251,252,253,254,255,256,257,
258,259,261,262,263,264,265,266,267,268,269,270,271,272,273,274,277,278,279,280,

281,282,283,284,285,286,287,288,289,290,291,292,293,294,295,296,297,298,299,300,
301,302,304,305,306,307,308,309,310,311,312,313,314,315,316,317,318,319,320,321,
322,323,325,326,327,328,329,330,331,332,333,334,335,336,337,340,341,342,343,344,
345,348,349,350,351,352,353,355,356,358,359,360,361,363,365,366,367,369,370,372,
373,374,376,382,383,385,386,387,388,389,390,391,392,394,395,396,397,398,399,400,
401,402,406,407,410,411,412,415,416,417,419,420,422,423,424,427,428,429,430,431,
433,435,437,440,441,444,445,448,451,452,454,455,457,459,461,462,464,468,469,470,
472,473,474,477,478,486,487,488,490,492,493,495,500,509,513,519,524,527,530,532,
533,534,535,541,553,558,564,573,592,598,621,650;对应的节点数量分别为 25,15,6,12,
8,16,11,9,3,18,12,8,15,5,5,2,8,11,10,8,11,11,9,4,7,5,6,3,6,4,12,4,9,5,10,5,11,6,
6,6,5,8,3,4,6,8,2,9,12,3,9,14,12,4,10,7,3,10,11,10,5,12,5,12,11,6,3,21,5,8,8,11,
11,10,8,12,9,11,6,5,10,7,5,6,8,8,8,13,8,7,3,4,4,12,5,7,3,1,6,4,4,4,6,7,4,2,4,7,
2,6,5,4,10,6,13,4,6,10,3,4,7,9,3,7,5,9,5,4,7,5,9,7,11,2,6,3,4,7,7,2,5,6,4,6,5,7,
7,4,10,5,2,6,7,5,3,9,6,6,2,7,3,3,5,3,2,4,4,2,6,6,7,6,6,3,5,2,3,7,6,10,3,3,4,5,6,
1,5,9,6,4,10,5,2,3,5,9,4,1,3,4,2,6,2,7,8,2,5,5,3,6,10,5,9,5,3,4,4,3,4,2,6,4,3,3,
4,3,8,5,3,1,9,3,3,7,4,8,4,2,4,5,4,4,3,2,4,3,3,5,5,2,4,8,2,4,4,4,1,4,2,3,1,8,1,4,
3,3,6,4,1,1,4,1,4,7,5,2,1,4,6,1,3,4,4,4,4,3,3,3,2,4,5,4,3,3,1,2,1,1,3,2,4,1,4,4,
3,1,1,4,7,2,2,2,3,1,2,2,2,3,2,1,1,4,2,2,2,5,5,2,1,2,3,2,1,1,2,2,1,2,4,3,2,3,3,1,
2,4,1,1,4,2,1,1,3,4,1,1,2,2,1,5,1,6,2,1,5,3,2,4,1,1,3,2,1,4,4,1,2,2,1,5,1,1,2,1,
2,3,2,1,3,5,1,2,3,1,1,2,1,1,1,1,1,2,1,1,1,1,1,2,1,3,1,1,2,1,1,1,1,1,1,2,2,1,1,
1,1,1,1,2,1,1,1,2,1,1,1,1,1,1,1,1,1,1,1,2,1,1,1,1.

　　根据以上数据,以横轴为节点的度,纵轴代表度大于指定数值的节点的数量,则可得到如
图 2-7 所示的曲线图,可以看出,在容量相同的数据集中,其变化趋势是比较吻合的。

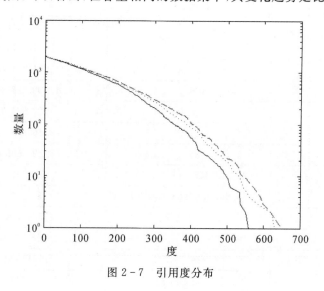

图 2-7　引用度分布

　　(5)最小覆盖。即计算为覆盖 90％以上的热点序列,至少需要多少篇短文本。所谓短文
本 T 覆盖子序列 S,是指 S 为 T 的子序列。在实验中,选取 1％作为判断该序列是否为"热点"

的标准,即如果该子序列在超过测试数据集容量1‰的短文本中出现,则认为该子序列为热点子序列。

最小覆盖数据实验结果见表2-7。

表2-7 最小覆盖数据

数量 容量	最小覆盖数据									
100	14	15	12	15	20	21	16	20	21	17
200	18	23	22	26	22	17	12	18	25	26
300	20	25	25	24	23	29	24	20	25	24
400	21	24	29	26	36	20	27	26	30	23
500	23	27	29	34	22	25	32	26	31	31
600	26	30	30	21	27	28	23	30	31	31
700	26	39	30	27	30	25	37	26		
800	27	36	29	26	30	31	28			
900	27	32	26	30	30	33				
1 000	26	34	28	24	34	34				
1 200	25	30	30	32	28					
1 500	23	33	30	33						
2 000	27	29	32							
2 500	26	32								

最小覆盖均值与方差见表2-8。

表2-8 最小覆盖均值与方差

数据容量	均值/篇	方　差
100	17.1	3.212 821 536 005 731
200	21.8	4.237 399 621 885 521
300	23.9	2.601 281 735 350 222 7
400	26.2	4.709 328 803 319 829 5
500	28.0	4.027 681 991 198 190 5
600	27.7	3.465 704 994 818 675
700	30.0	5.291 502 622 129 181
800	29.571 428 571 428 573	3.309 438 162 646 486 6
900	29.666 666 666 666 668	2.732 520 204 255 892 7
1 000	30.0	4.560 701 700 396 552
1 200	29.0	2.645 751 311 064 590 7
1 500	29.75	4.716 990 566 028 302
2 000	29.333 333 333 333 332	2.516 611 478 423 583 6
2 500	29.0	4.242 640 687 119 285

根据数据,可得最小覆盖与数据容量的关系曲线(见图2-8)。

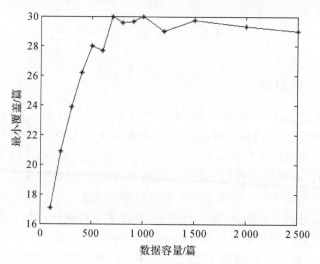

图 2-8　最小覆盖与数据容量关系曲线

　　由该曲线可以看出,最小覆盖为一个常数或随数据容量缓慢增加。而这一统计结果为迅速了解大量短文本的话题提供了一种可能性,即无论文本数量为多少,只需要查看极为有限的文本,就有可能了解绝大多数涉及的话题内容。

　　实验结果也对这一推测提供了一定的数据支持。以下是部分最小覆盖的结果:

　　1)＜是呀,"非典"给中国上了一课,市场经济和私有制不是万能的,社会主义的＞非典 "非典""非典 主义 社会 经济;

　　2)＜更主要的是探讨国家怎么考虑英语教育。中国也真不需要那么多人会英语!!! ——同意! ＞英语 需要;

　　3)＜《紧急呼吁有关部门坚决抵制"数学"防治非典的馊主意!!》——(续一)＞数学 坚决 防治 防治非典;

　　4)＜广州警察是否真正学过三个代表? 我认为根本没有学,否则,他们不会向全国人民撒谎。＞广州 警察;

　　5)＜不是心虚。我问你的问题你怎么不敢回答呀? 看不起华为没关系,但你应……＞华为;

　　6)＜伊拉克美军退兵之计派几个非典毒魔到美军住伊军事基地打几个滚儿齐活美军不战自退!!! ＞伊拉克。

　　实验结果中,＜ ＞内的文字为原始短文本,后面以空格隔开的字符串为热点子序列。联系原始文本与子序列,可以认为这些原始短文本还是比较具有代表性的,可以反映其对应的热点序列的内容。在更大规模的数据集中的测试支持了我们的设想,由此提出了基于 LCSCS 的典型文档选取算法(LCSCS based typical Document Selection,LDS)2.4。

　　算法 2.4　LDS 算法基本步骤(在短文档集中选取代表性典型文档)

1 获得短文档集合的频繁 LCSCS

2 采用贪婪算法求解最小覆盖

3 选择覆盖结果作为典型文档

2.3 LCSCS 算法的改进

2.3.1 LCSCS 的过滤

2.2 节给出了部分 LCSCS 计算结果、相关统计数据及其分析。从计算结果来看,频繁 LCSCS 可以表达大量短文本的热点话题。但是,在提取出的 LCSCS 中,仍有相当数量的与话题无关的信息。主要包括以下几种情况。

(1)停用词。即提取到的频繁 LCSCS 中,有很多为诸如"什么""那么""我们"等虚词或其他对理解主题帮助不大的词汇。在基于词汇的自然语言处理中,这些词汇一般都作为停用词处理。在基于序列的处理方式中,根据统计结果(如双字比例统计),相当数量的 LCSCS 都为一般词汇,因此,也可通过停用词表对热点 LCSCS 序列进行过滤。

(2)标点符号。在提取到的频繁 LCSCS 中,还有一部分为汉字字符与标点符号的组合。这是由于在进行短文本的 LCSCS 计算时,并未对标点符号进行预处理,所以可以通过增加标点符号的预处理,将所有短文本中的标点符号剔除,然后再进行 LCSCS 运算。

(3)字符串的包含关系。在提取出的 LCSCS 中,有一部分字符串存在包含关系。例如字符串"纪念毛泽东"包含字符串"毛泽东"。这样,就存在一个计数值的问题。即若"纪念毛泽东"在 100 篇短文档中出现,"毛泽东"在 150 篇文档中出现,那么事实上,单独出现"毛泽东"而非"纪念毛泽东"的文档最多不超过 50 篇。故为准确地评估序列的频繁程度,必须对这种相互包含的情况予以处理。其处理方式是根据序列之间的包含关系,递归调整计数值。对包含关系的处理还可以有效减轻短文本中错别字的影响。如热点序列"攻打伊拉克"在 100 篇短文档中出现,若有人无意中将其写为"攻打一拉克",则根据我们的算法,必然会提取出"攻打拉克"这一热点序列,且其频繁程度还将高于"攻打伊拉克"。而通过处理字符串的包含关系,将有效筛除这种情况。

经过上述处理后,得到的频繁 LCSCS 中对于理解话题帮助较小的字符串将被大量筛除。

例如 2.2.3 节中得到的频繁 LCSCS,经过过滤后结果如下:

毛泽东(63) 文章(37) 国人(35) 人人(34) 个人(33) 毛主席(33) 历史(32) 人民(31) 发展(29) 美国(29) 英雄(24) 社会(23) 资本(23) 纪念诞辰(23) 价格(21) 世界(21) 市场经济(20) 伟大(18) 期货市场(17) 纪念主席(17) 人们(17) 知识(17) 风险(17) 国家(17) 革命(17) 经济经济(16) 知道(15) 纪念毛诞辰109周年(15) 大家(15) 文革(15) 农民(14) 主义(14) 主要(14) 怀念(14) 毛泽东毛泽东(14) 纪念毛泽东109(14) 领袖(14) 纪念毛主席(14) 金融(13) 政府(13) 自己(13) 民族(13) 市场市场(13) 产阶级(13) 期货(13) 阶级(13) 道理(13) 时代(12) 商品(12) 重要(12) 本质(12) 纪念毛泽东周年(12) 政治(12) 今天(11) 毛泽东思想(11) 错误(11) 观点(11) 纪念毛泽东同志(11) 纪念毛泽东诞辰109周年(11) 先生(11) 数学(11) 大学(11) 功能(11) 老人家(10) 论坛(10) 伟人(10) 大规模(10) 经济(10) 人家(10) 思维(10) 教育(10)

可以看出,一方面,频繁 LCSCS 的数量大幅度减少;另一方面,诸如"念毛"之类的无意义字符串片段被有效过滤。

2.3.2 频繁闭序列的挖掘算法 BIDE 与修订

在讨论了 LCSCS 的概念、统计特性及过滤方式后,现在回到如何高效地发现频繁 LCSCS

的方法上来。在之前的叙述中是采用对数据集中所有短文本进行两两匹配,然后对提取出的 LCSCS 进行计数与过滤。当数据集中短文本的数量非常庞大时,该方法相当耗费时间。因此,需要一种更为高效的方式来发现大量文本中出现的频繁序列。

目前,在挖掘频繁序列上,较为典型的算法包括 GSP、SPADE、PrefixSpan、CloSpan、BIDE 和 CloGSgrow 等。其中 GSP 是一种基于候选产生-测试的序列模式挖掘算法,是关联规则挖掘中 Apriori 算法的原创性频繁项集挖掘算法在序列模式挖掘中的扩展;SPADE 算法是一种基于 Apriori 的垂直数据格式的挖掘算法,与 GSP 算法同样采用宽度优先的搜索策略;Prefix-Span 则是一种基于前缀投影序列模式增长的挖掘方法,与前两种算法不同的是该算法不需要产生候选的频繁模式,而是通过构造前缀模式与后缀模式相连得到频繁模式;CloSpan 是一种挖掘闭序列模式的有效方法,其基本原理是序列数据库的投影数据库的等价性,从而剔除了频繁序列中大量的具有相同支持度的超序列的子序列;BIDE 则是在 CloSpan 的基础上通过双向搜索优化了删除结果中非闭序列的过程;CloGSgrow 则是刚出现的频繁闭序列的挖掘算法。

可以看出,与 2.2.4 节中字符串包含关系处理的思想一致,闭序列的挖掘对于简化挖掘结果具有重要作用。因此,下面选取一种闭序列挖掘算法——BIDE,作为频繁 LCSCS 的挖掘算法的基础。

原始的 BIDE 算法 2.5 的基本流程如下。

算法 2.5　BIDE 频繁闭序列挖掘算法

BIDE(SDB, min_sup, FCS)

Input: an input sequence database SDB, a minimum support threshold min_sup

Output: the complete set of frequent closed sequences, FCS

1 FCS=∅;

2 F_1=froquent 1 - sequences(SDB, min_sup);

3 for(esch 1 - sequence f_1 in F_1)do

4　　SDB^{f_1}=pseudo projected database(SDB);

5 for(each f_1 in F_1)do

6　　if(! BackScan(f_1,SDB^{f_1}))

7　　　　BEI=backward extension check(f_1,SDB^{f_1});

8　　　　call bide(SDB^{f_1},f_1, min_sup, BEI, FCS);

9 return FCS;

bide (S_p_DSB,S_p, min_sup, BEI, FCS)

Input:a projected sequence database S_p_SDB, a prefix sequence S_p, a minimum support threshold min_sup,
　　　and the number of backward extension intems BEI

Output:the current set of frequent closed sequences, FCS

10 LFI=locally frequent items (S_p_SDB);

11 FEI= $|\{z$ in LFI$|z.\sup=\sup^{SDB}(S_p)\}|$;

12 if ((BEI+FEI)=0)

13　　FCS=FCS∪{S_p};

14 for(ecah i in LFI)do

15　　S_p^i=<S_p,i>;

---

16    $SDB^{s_i^i}_P =$ pseudo projected database$(S_p\_SDB，S^i_P)$；

17 for(each i in LFI)do

18   if(！BackScan$(S^i_p，SDB^{s^i_p})$)

19   BEI＝backward extension check $(S^i_p，SDB^{s^i_P})$；

20   call bide$(SDB^{s^i_P}，S^i_P，$min_sup，BEI，FCS)；

    按照 LCSCS 的定义,与一般的频繁闭序列挖掘相比,频繁 LCSCS 序列要求挖掘出的序列不仅为子序列,而且要求子序列在原序列中任意两个对应的相邻下标必须为左连续或右连续。因此,需要在 BIDE 算法中进行前向扩展与后向检查的步骤中对其下标连续性进行检查。

    而通过对 BIDE 算法的跟踪发现,增加这一约束条件,极大地提高了 BIDE 在处理中文字符序列中的效率。这是由于 BIDE 是通过扩展初始序列来发现频繁序列的,序列中可能的元素越多,则在其扩展中需要测试的组合就越多,而通过下标半连续性的约束,极大地减少了扩展中需要测试的元素的个数,从而大大提高了计算速度。

    如图 2-9 所示,通过采用修订的 BIDE 算法,挖掘频繁 LCSCS 的速度,以及简单计算两两短文本之间的 LCSCS 再进行计数和剔除包含关系的基本算法,有了大幅度提升。

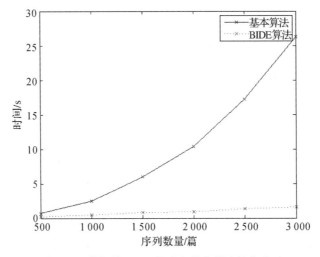

图 2-9 修订的 BIDE 算法与基本算法性能比对

    此外,由图 2-9 可以看出,基本算法的时间复杂度为 $O(n^2)$,而采用修订后的 BIDE 算法,其时间复杂度接近线性 $O(n)$,从而为该方法的实际应用提供了可能。

2.3.3 中文分词与序列分析结合的热点词发现

    闭频繁序列的快速挖掘算法,为基于序列的中文自然语言处理的实际应用提供了可能,但是,与当前各种主流的中文分词算法相比,其效率仍然是较为低下的。制约频繁序列挖掘算法的时间复杂度的主要因素包括序列长度、序列项数量及序列数量。有效减少其中任何一项因素的影响,都将会极大提高热点序列的提取速度。

    而在上述分析中发现,造成目前中文分词算法出现误差的主要因素在于生造词、错别字等不规范语言环境。在这种情况下,分词算法内部将找不到匹配的词汇进行汉语切分,因此只能通过概率等手段对这些无法正常切分的部分进行特殊处理。而基于序列的处理方法,由于其并不基于词典,所以对这种情况可以有效处理。因此,如果能够结合中文分词与序列分析两种方法,则有可能同时保障热点词汇的提取精度和提取效率。

在实际应用中,我们设计实现了一个分词与序列分析结合的算法。在对海量网络文本进行处理时,首先借助词典,通过最大逆向匹配方法,对文本进行分词处理;对无法有效匹配的部分,将其单独取出,作为字符序列,然后对其进行频繁序列提取。由于分词步骤预处理的引入,使需要处理的字符序列长度大大缩减,从而使频繁序列提取的时间复杂度有了实质性的降低。

2.4　小　　结

对于书写较为随意的海量中文短文本,针对小样本、不规范语法、新词汇、错别字、生造字、暗语及中文分词中存在的一系列难点,笔者提出了最长公共分段连续子序列 LCSCS 的概念及其计算方法,不仅解决了上述难点问题,而且获得了良好的统计特性,为海量中文文本热点话题挖掘,以及挖掘舆情、舆情跟踪和舆情分析做以基础性的准备。在实际应用中直接应用 LCSCS 算法还存在一些问题,笔者还给出了 LCSCS 的改进,包括过滤和 BIDE 算法,以及 BIDE 算法和中文分词的有效结合。

传统的自然语言处理均是将文本作为词的组合,利用向量空间模型(Vector Space Model,VSM)等进行描述。笔者提出的 LCSCS 概念及其相关算法,则是从序列的角度对自然语言进行分析,从而为中文自然语言处理提供了一个新颖的思路。

第3章 海量中文文本中热点话题的挖掘

3.1 引　言

第 2 章从海量文本中挖掘出热点序列,这为挖掘出热点话题打下了基础。本章主要研究如何从热点序列形成热点话题,主要思路是:首先通过词汇的同现性构建出词汇关联网络;然后对关联网络进行聚类分析,从而分解出热点话题。热点序列、词汇关联网络,以及分解出的热点话题,几种方式的综合,为舆情的理解提供了完备的信息。

3.2 词汇关联网络的构建

3.2.1 词汇在话题理解中的不完备性

第 2 章主要探讨了如何在大量短文本,尤其是存在大量不规范语法、错别字和生造词等语言环境下,提取频繁子序列用于代表热点话题。而对于长文本的情况,由于一般情况下长文本的撰写较为消耗时间,而笔者在其撰写过程中一般也就会相对注意如语法、错别字等问题,故可以通过首先对长文本分词,然后对词频进行统计,以发现大量文档中的频繁词汇。

然而,仅仅提取频繁词汇或频繁序列,虽然有助于理解热点话题,但是却不足以清晰地表达话题内容。从舆情分析的角度来讲,所谓舆情,是指公众对公共事务所持有的各种情绪、意愿和意见的总和。既然是总和,就很难用简单的几个词或者几句话描述清晰。热点词汇与热点序列的提取,代表了舆情中的基本要素点,即代表了公众最主要是对哪些内容点感兴趣。但是,单个的词汇与序列,一般很难表示出清晰的语义。

例如,对 2009 年澳门立法会选举期间 CyberCTM 论坛立法会选举的相关版块上的发帖进行热点词汇(序列)提取,排名较为靠前的热点词汇如图 3-1 所示。

这些热点词汇(序列)无疑代表了话题中的基本要素,但是,如此众多的热点词,使得其彼此之间的关系难以理解。如热点词汇中出现了“打手”一词,那么,这个“打手”是指哪个选举阵营的“打手”? 具体涉及哪些方面? 这些信息是热点词汇本身无法提供的。

减少提取的热点词汇的数量并不能真正解决由于热点词汇数量众多而带来的关系复杂问题。这是由于为减少提取出的热点词汇的数量,必然需要提高用于判断其是否为频繁项的阈值。而这样带来的后果是其分析结果无法全面地代表舆情中各个方面的情绪、意见与意愿,并使最终的分析结果失去实际意义。如仅选取前 10 项热点词汇,如"澳门""政府""选举""议员"等,这些热点词汇虽然反映了"立法会选举"这一事件的基本要素,但是,并不能提供具体的话题内容的信息。如在谈论"议员"的时候,具体都涉及哪些相关方面。

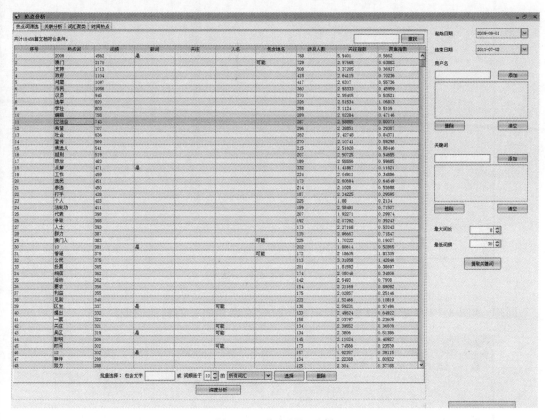

图 3-1　热点词汇示例

3.2.2　词汇关联网络

为理清词汇之间的关联,一个有效的方式就是从词汇的同现性上入手。若两个词汇频繁同时出现,则可以认为,两个词汇具有一定的语义联系,并有可能共同构成一个具体话题的某个方面。

可以用网络图的方式可视化地表达这种词汇间的关联关系。以词汇作为网络图的节点,若两词汇在文档中同时出现的次数大于指定阈值,则在这两节点之间连一条边。更为精细地,可以规定两词汇必须在同一段落或同一句子中同时出现,或词汇之间字符距离小于指定阈值,才认为两词汇之间有联系。

由此,可以建立出词汇之间的一个复杂网络。在此网络中,通过查看任意一个词汇的相邻节点,即可了解到在谈论该词汇的时候,具体涉及哪些方面。例如图 3-2 中标明了与"打手"这个词汇大量频繁出现的其他词汇,可以看出,该词汇与选举阵营"学社"和参选人"吴区"有密切关系。

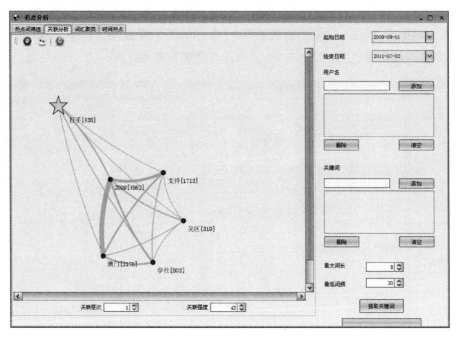

图 3-2　词汇关联示例 1

同理，如图 3-3 所示，可以查看与词汇"吴区"有密切联系的其他词汇。

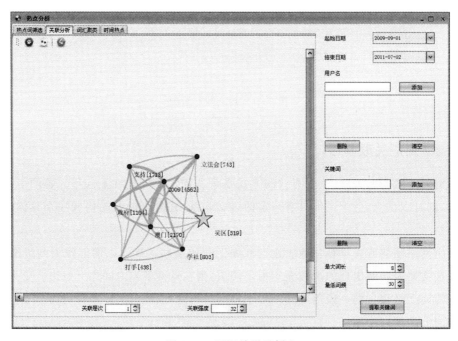

图 3-3　词汇关联示例 2

下面对基于词汇同现构建的复杂网络的部分统计特性进行实证研究。

3.3 词汇关联网络的拓扑特性

现在选取以下数据作为测试数据集:①CyberCTM 论坛立法会选举子版块 2009 年 9 月 1 日至 2009 年 9 月 17 日发帖数据,共计 18 549 篇,经过热点词汇提取后,共计提取 5 957 个热点词汇;②CyberCTM 论坛立法会选举子版块 2009 年 8 月 1 日至 2009 年 8 月 31 日发帖数据,共计 8 115 篇,经过热点词汇提取后,共计提取 2 150 个热点词汇;③博讯论坛 2008 年 8 月 1 日至 2008 年 12 月 31 日发帖数据,共计 15 252 篇,经过热点词汇提取后,共计提取 1 147 个热点词汇。以上热点词汇提取的词频阈值均设置为 10。这 3 个数据集来自不同的数据源,其数据容量不同,并且讨论内容的集中程度不同,据此得出的结论,将具有较为广泛的适用范围。

3.3.1 排名-词频分布

排名-词频分布统计曲线如图 3-4 所示。

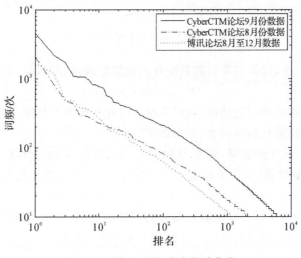

图 3-4 排名-词频分布统计曲线

在统计曲线图中,纵轴为词汇出现频率,横轴为根据词汇频率对词汇进行逆序排名后的排名值。从统计图上可以看出,不同来源不同容量的数据,在其分布规律上,显示出了较好的吻合幂律(power law)关系,即

$$f \propto Cr^{-\alpha} \tag{3-1}$$

进一步对 3 组数据进行一阶线性拟合,结果如下。

CyberCTM 论坛 9 月份数据,拟合系数为(-0.747 9,3.877 7),相关系数为-0.994 6;CyberCTM 论坛 8 月份数据,拟合系数为(-0.652 8,3.210 0),相关系数为-0.994 7;博讯论坛数据,拟合系数为(-0.695 5,3.162 6),相关系数为-0.998 4。从其相关系数上看,其幂律关系吻合程度很高,并且发现,幂律分布系数 α 始终在 0.7 上下徘徊。

3.3.2 词频-累计数量分布

词频-累计数量分布统计曲线如图3-5所示。

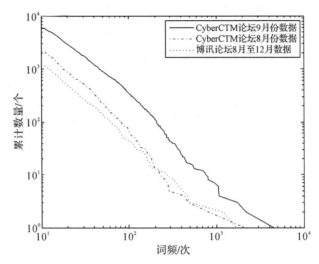

图3-5 词频-累计数量分布统计曲线

由图3-5可以看出,词频与累计数量呈现出良好的幂律分布,即

$$N_{cmulated} \propto Cf^{-\alpha} \tag{3-2}$$

并且通过比对3个数据集的对应曲线,可以发现其变化规律基本相同。

进一步对3组数据进行线性拟合,结果如下。

CyberCTM 论坛 9 月份数据,拟合系数为$(-1.597\,0,5.670\,3)$,相关系数为$-0.993\,0$;CyberCTM 论坛 8 月份数据,拟合系数为$(-1.723\,4,5.239\,5)$,相关系数为$-0.991\,9$;博讯论坛数据,拟合系数为$(-1.492\,3,4.642\,3)$,相关系数为$-0.991\,8$。相关系数的绝对值大于0.99,显示了实际分布与幂律分布是高度吻合的。排名-词频分布与词频-累计数量分布的幂律关系,在其他文献中已有探讨,在此再次验证了该规律的存在。

3.3.3 度-累计数量分布

度-累计数量分布统计曲线如图3-6所示。其中横轴代表词汇网络中节点的度,纵轴代表度指标大于等于指定值的节点的数量。

从半对数坐标曲线图上可以看出,节点数量的对数与词汇网络中节点的度近似成线性关系,且为负相关。由于大于等于指定值的节点的数量与网络中的节点数的比值即为节点度大于指定值的概率,那么从概率的角度来讲,近似存在以下指数关系:

$$P[d(v_i) \geqslant N] \propto e^{-N} \tag{3-3}$$

进一步对三组数据进行一阶线性拟合,结果如下。

CyberCTM 论坛 9 月份数据,拟合系数为$(-0.006,3.853\,8)$,相关系数为$0.998\,5$,线性拟合度很高;CyberCTM 论坛 8 月份数据,拟合系数为$(-0.009,5.736\,2)$,相关系数为$-0.959\,1$,线性拟合度一般;博讯论坛数据,拟合系数为$(-0.004\,9,2.625\,7)$,相关系数为$-0.870\,8$,线性拟合度较低。

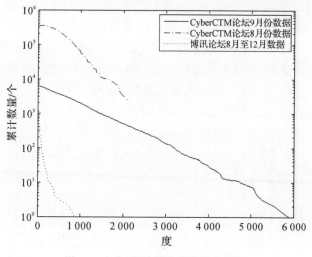

图 3－6　度-累计数量分布统计曲线

3.3.4　加权度-累计数量分布

由于度分布仅描述了词汇之间具有关联性,但无法描述词汇之间关联的强度,所以笔者还对加权度-累计数量进行了统计。所谓节点的加权度,是指网络中与该节点直接相连的边的权重的算术和,即

$$wd(v_i) = \sum_j e_{ij} \qquad (3-4)$$

加权度-累计数量分布统计曲线如图 3－7 所示。

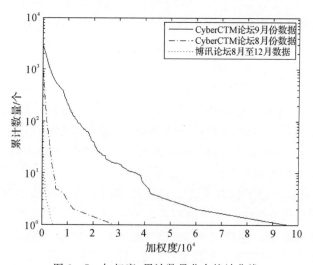

图 3－7　加权度-累计数量分布统计曲线

3.3.5　边权重-数量分布

边权重-数量分布统计曲线如图 3－8 所示。若忽略曲线右下高权重低频率的边的随机影响,3 个测试数据集的统计曲线都呈现了良好的幂律关系,且其规律大体相等,即

$$n \propto Ce^{-\alpha} \tag{3-5}$$

进一步对 3 组数据进行一阶线性拟合,拟合结果如下。

CyberCTM 论坛 9 月份数据,拟合系数为(−2.817 8,6.627 4),相关系数为−0.960 5;CyberCTM 论坛 8 月份数据,拟合系数为(−2.544 3,5.139 9),相关系数为−0.951 5;博讯论坛数据,拟合系数为(−2.023 7,3.830 4),相关系数为−0.941 8。

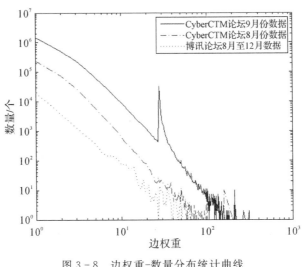

图 3-8　边权重-数量分布统计曲线

3.4　词汇关联网络形成机制

3.3 节对基于同现性构成的词汇关联网络中的若干拓扑特性进行了实证研究,发现了其中存在的一些规律性。本节将对该网络的形成机制进行建模,并由此解释致使这些规律出现的原因。

从通过实际数据进行构建网络的具体过程来看,假设词汇同现网络的拓扑结构事实上主要受到两个因素的影响:①词汇在文档内部的分布;②文档本身的分布,即认为各种文档可以有不同的来源,来自于同一来源的文档,其内部词汇分布大体满足同一概率分布。那么,词汇网络本身的拓扑特性,一方面取决于每一种来源的文档中词汇分布的具体规律,另一方面取决于这些不同来源的文档的数量分布。

为进行仿真,这里制订如下仿真条件。假设可用词汇表长度为 1 000,仿真文档数量为 10 000。由于词汇同现性分析中仅考虑词汇在文档中同时出现而不考虑其次数,所以文档长度对仿真结果没有实质影响。这里统一将文档长度设置为 100。通过设定文档中词汇的概率分布构建文档生成器,以及设定来自不同文档生成器的文档的数量的概率分布,即可生成文档数据集,并按照前述构建词汇同现网络的方法生成复杂网络。

3.4.1　均匀分布条件下的仿真

下面对均匀分布的情况进行研究,即假设词汇在文档中为均匀分布,并且不同来源的文档数量也为均匀分布。

仿真结果如图 3-9～图 3-13 所示。

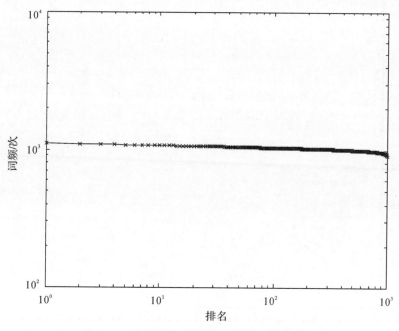

图 3-9　均匀分布下排名-词频关系仿真曲线

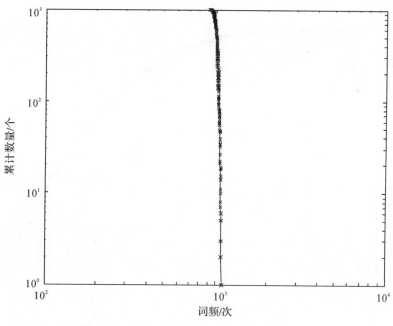

图 3-10　均匀分布下词频-累计数量仿真曲线

在仿真中,仅生成了一个度为 999 的节点,其他节点度均为 1 000,因此这里用度-累计数量分布代替累计度分布(见图 3-11)。

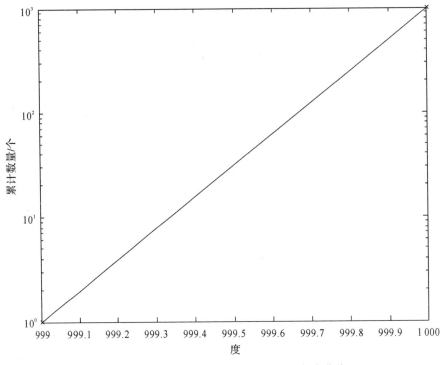

图 3-11 均匀分布下度-累计数量分布仿真曲线

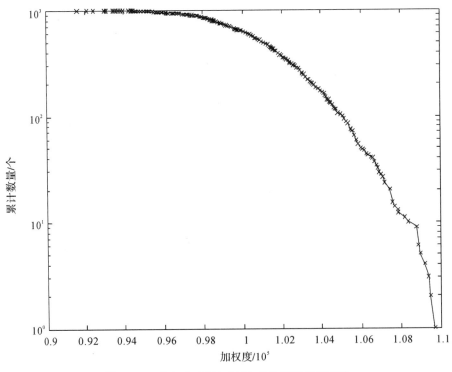

图 3-12 均匀分布下加权度-累计数量仿真曲线

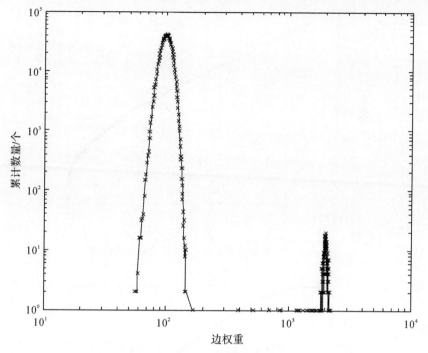

图 3-13　均匀分布下边权重-累计数量分布仿真曲线

显然,该仿真结果与实际发现的词汇同现网络的拓扑结构特性完全不同。因此,需要修改词汇分布及文档分布。

3.4.2　全幂律分布条件下的仿真

由于幂律分布在前述的实证研究中多处出现,所以这里做出以下假设:①同一来源的文档中的词汇分布满足幂律分布;②不同来源的文档的数量满足幂律分布。

其仿真数据产生过程如下。

首先配置 100 个文档产生器,每个文档产生器对词汇表进行乱序排列后作为其内置词汇表,然后根据 Zipf 法则设置各个词汇的产生概率,即利用 Zeta 分布随机生成用于生成文档中词汇在文档生成器的词汇表中的下标;其次根据幂律分布,确定各个文档产生器需要生成多少篇文档,即利用 Zeta 分布随机生成文档由各个文档产生器产生的概率;最后产生所有10 000篇文档,并构建词汇同现网络。

Zeta 分布的表达式为

$$f_s(k) = \frac{k^{-s}}{\zeta(s)} \tag{3-6}$$

其中

$$\zeta(s) = \sum_{n=1}^{\infty} n^{-s} = \frac{1}{1^s} + \frac{1}{2^s} + \frac{1}{3^s} + \cdots \tag{3-7}$$

在词汇产生概率的设置中,取 $s=1.7$;在文档产生概率的设置中,取 $s=1.8$。仿真结果如图 3-14~图 3-18 所示。

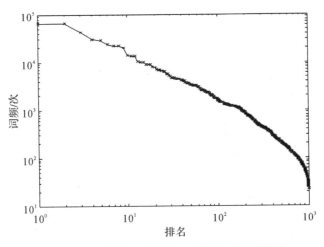

图 3-14　全幂律分布下排名-词频关系仿真曲线

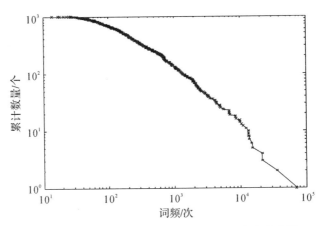

图 3-15　全幂律分布下词频-累计数量分布仿真曲线

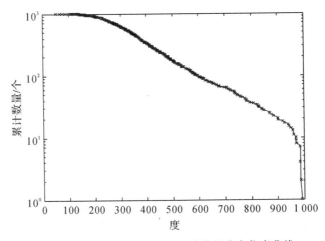

图 3-16　全幂律分布下度-累计数量分布仿真曲线

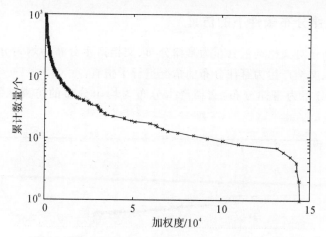

图 3-17　全幂律分布下加权度-累计数量分布曲线

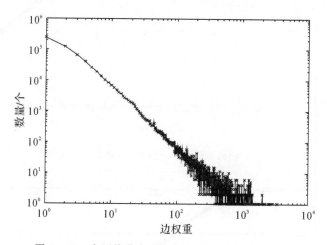

图 3-18　全幂律分布下边权重-数量分布仿真曲线

对照取得的论坛实际数据,可以发现:

(1)排名-词频关系曲线:与 Zipf 法则及实际数据均非常吻合。并且和实证数据相比,其在曲线高频部分的上翘及尾部的下翘现象表现得更为明显,与标准的 Zipf 分布十分吻合。

(2)词频-累计数量关系曲线:大致走势上与采集实际数据的统计结果相同,均呈现出了较好的幂律分布规律。

(3)度-累计数量分布:可以看出曲线大部分在半对数坐标中呈现了线性关系。在曲线起始和结束部分,则均表现出了下翘的趋势。与实际数据相比,趋势大体一致。

(4)加权度-累计数量分布:可以看出仿真数据与实际数据变化趋势吻合度是相当高的,但在仿真图的曲线末端,呈现出快速下降的趋势,而这一点在实际数据中并不明显。

(5)边权重-数量分布:可以看出仿真数据与实际数据总体变化趋势是相当吻合的,并且幂律分布的特征均非常明显。并且,仿真数据与实际数据曲线均在低权重部分非常平滑,而在高权重部分震荡剧烈。

3.4.3 半幂律分布条件下的仿真

作为对照,下面还对文档词汇分布为幂律分布、文档产生分布为均匀分布的情况,以及词汇分布为均匀分布、文档产生为幂律分布的情况进行了仿真。

其中文档词汇分布为幂律分布,文档产生分布为均匀分布的仿真结果如图 3-19~图 3-23 所示。

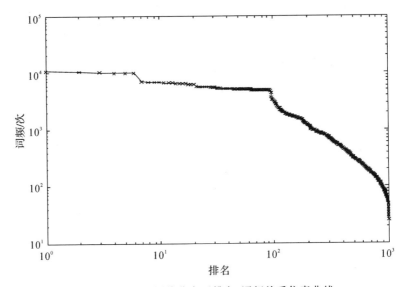

图 3-19　词汇幂律分布下排名-词频关系仿真曲线

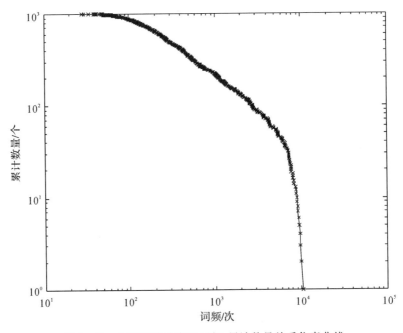

图 3-20　词汇幂律分布下词频-累计数量关系仿真曲线

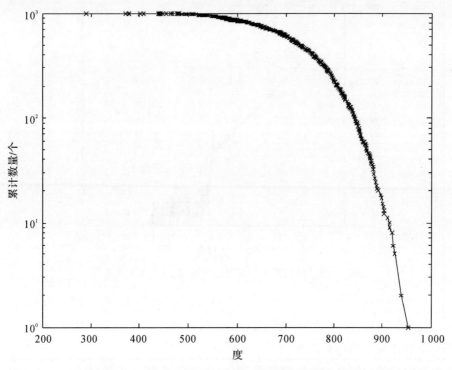

图 3-21　词汇幂律分布下度-累计数量分布仿真曲线

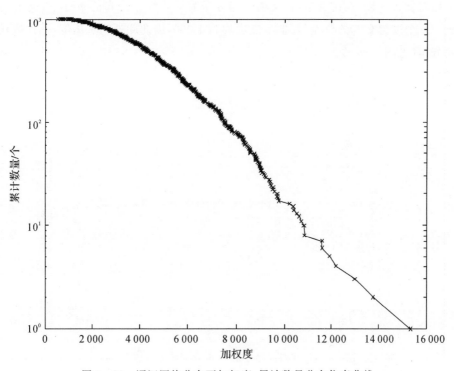

图 3-22　词汇幂律分布下加权度-累计数量分布仿真曲线

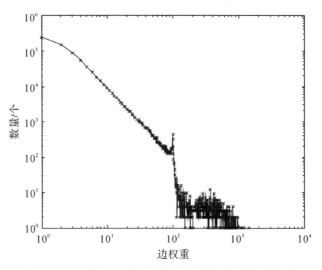

图 3 - 23　词汇幂律分布下边权重-数量分布仿真曲线

对照上述词汇幂律分布下的统计曲线与实际数据曲线,可以发现,其大体趋势基本一致,但明显不如全幂律分布的仿真曲线。

下面继续对文档词汇分布为均匀分布、文档产生分布为 Zipf 分布的情况进行仿真,结果如图 3 - 24～图 3 - 28 所示。

与全均匀分布一致,在仿真中,在文档幂律分布而词汇均匀分布的条件下,词汇同现网络中仅生成了一个度为 999 的节点,其他节点度均为 1 000,因此此处仍然用度-累计数量分布代替累计度分布(见图 3 - 26)。

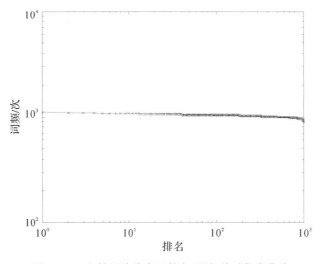

图 3 - 24　文档幂律分布下排名-词频关系仿真曲线

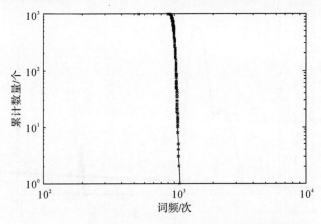

图 3-25　文档幂律分布下词频-累计数量关系仿真曲线

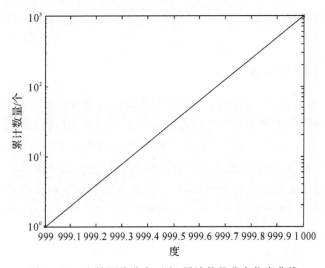

图 3-26　文档幂律分布下度-累计数量分布仿真曲线

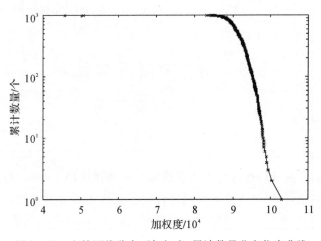

图 3-27　文档幂律分布下加权度-累计数量分布仿真曲线

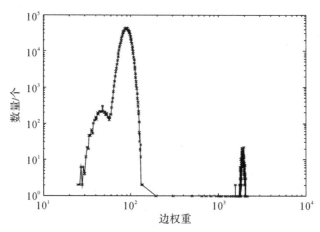

图 3-28　文档幂律分布下边权重-数量分布仿真曲线

可以看出,文档词汇分布为均匀分布、文档产生分布为 Zipf 分布的仿真结果与全均匀分布几乎一致。

3.4.4　仿真结论与假说

综上所述,在上述仿真中,只有词汇与文档双幂律分布仿真结果与实际网络数据规律高度相符;并且,文档内词汇的幂律分布在其中起到至关重要的作用(可以看到当文档内词汇分布为均匀分布时,无论文档分布为均匀或幂律分布,其统计曲线几乎完全一致)。

从仿真的结果来看,该网络形成机制模型应该具有较强的合理性。那么回到在建立模型时的基本假设及模型仿真数据的产生过程,我们曾假设来自于相同文档产生器的文档其词汇概率分布相同;而结合数据检索中经典的空间向量模型,词汇概率分布相同的文档的内容是高度相似和相关的。由此可以做出以下假说:

假说 3.1　文本构成假说

网络中自然产生的文本集合,可以认为是由大量内容相关的文本集构成的;在同一文本集内,各个文档中词汇频率满足同样的幂律分布;同时,这些不同文本集的容量,也服从幂律分布。

3.5　词汇关联网络聚类

3.5.1　聚类方法

根据词汇在文档中的同现性而反映出的关联关系,笔者构建了以词汇为节点的复杂网络,并且对这一复杂网络的统计特性进行了实证研究。在具体应用上,可以通过查看热点词汇了解网络上最热门的讨论点,通过查看词汇网络特定节点的相邻节点了解这些讨论点涉及的具体方面与讨论侧重,从而对舆情实现较为全面和细致的了解。但是,从舆论角度来讲,这一表现方式无法回答这样一个问题,即从大的方面,网络上究竟讨论了几个热点主题,这些主题又涉及哪些方面。

　　为解决这一问题,我们提出的解决思路是,对词汇网络进行聚类分析。从属于同一类的词汇,则代表了网络上大多数文档讨论的一个热点主题。

3.5.2　马尔可夫聚类算法

　　由 Dongen 提出的马尔可夫聚类(Markov CLuster,MCL)是一种快速的图形聚类算法。MCL 使用关联随机矩阵的简单几何算法,无须预先了解有哪些潜在的簇结构。MCL 利用了记录途中随机漫游聚类结构上抵达的次数。每个节点在各个可能方向上都会有遍历的机会。当大量的漫游者从相同的起点开始漫游时,每一个漫游者通常选择不同的路径。该算法的关键思想就是"随机漫游者抵达稠密的簇后,在抵达大部分节点之前不会轻易离开该簇"。MCL 不是模仿实际上的随机漫游,而是不断地修改一个转移概率矩阵,对一个矩阵 $M=M(G)$(对应一个长度最多为 1 的随机漫游)重复执行以下两种操作:①扩展。M 取幂 $e \in \mathbf{N} > 1$,模拟在当前的转移矩阵上随机漫游走过的 e 步。②膨胀。M 在抵达第 r 次幂后,重新规范化。该操作重复执行,一直到状态周期变化或者达到一个确定的值。周期为 $k \in \mathbf{N}$ 的循环状态表示矩阵在 k 次扩展和膨胀后内容保持不变。而确定值是指周期为 1 的循环状态。可以证明 MCL 方法很容易在确定值下结束。因此,通过最终的矩阵,以及图的连接部分可以得到聚类结果。

　　MCL 是一种快速和可伸缩的高效算法,其算法的流程如下。

算法 3.1　MCL 算法

```
                                    # G is a voidfree graph.
                                    # eᵢ ∈ N, eᵢ > 1, i = 1, …
MCL(G, Δ, e₍ᵢ₎, r₍ᵢ₎){              # rᵢ ∈ R, rᵢ > 0, i = 1, …

    G = G + Δ;                      # Possibly add (weighted) loops.
    Tᵢ = T_G;                       # Create associated Markov graph
                                    # according to Definition 2.
    for(k = 1, …, ∞){
        T₂ₖ = Exp_{eₖ}(T₂ₖ₋₁);
        T₂ₖ₊₁ = Γ_{rₖ}(T₂ₖ);
        if (T₂ₖ₊₁ is (near−)idempotent) break;
    }
    Interpret T₂ₖ₊₁ as clustering according to Definition 8;
}
```

　　对于前面构建的词汇网络,通过 MCL 算法,即可实现有效的词汇聚类。以 CyberCTM 论坛 9 月份数据为例,词汇网络聚类的结果如图 3 - 29 所示。

　　由此得到了表现网络热点主题的所有基本要素及其表现形式。频繁热点词汇(序列)的提取,尤其是当前网络中新出现的高频词汇,为了解当前网络中存在哪些基本讨论点提供了指示性信息;基于词汇同现性构建的词汇关联网络,为有目标地了解讨论点具体涉及的内容提供了全面的细节信息,从而为舆情的全面把握提供了支持;而在词汇网络上的聚类分析,则为把握舆情中的主流,即大多数人的主要关注点,提供了整体上的视图。将这三种方式结合起来,即可实现网络热点话题的合理表现。

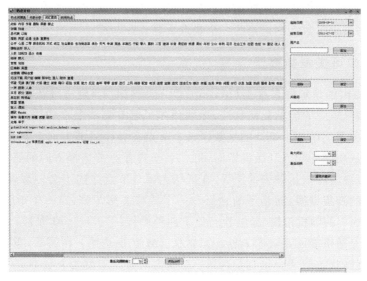

图 3-29 词汇聚类实例

3.6 虚拟社团分析

网络上的舆情是与用户所构成的虚拟网络密切相关的。因此,在进行舆情发现、舆情跟踪和舆情分析时,必须研究相关用户之间的虚拟社团关系。本节从虚拟社团的分析出发,研究用户群之间的角色评估,为热点话题所对应的社团进行分析。

大量实证研究表明,大部分实际网络是异构的,即复杂网络不是一大批性质完全相同的节点随机连接在一起的,而是许多类型节点的组合。相同类型的节点之间存在较多的连接,而不同类型的节点之间的连接则相对较少。把同一类型中的节点及这些节点之间的边构成的子图称为网络中的社团结构。

当前,对虚拟社团的研究主要集中在虚拟社团的发现和虚拟社团中节点角色地位评估两方面。

3.6.1 虚拟社团发现

根据 Newman 和 Girvan 的定义,所谓虚拟社团发现,即将复杂网络中的节点划分为若干组,使得组内节点之间的连接比较稠密,而不同组节点之间的连接比较稀少。

在大型复杂网络中自动搜寻或发现社团结构,具有重要的实用价值,如:社会网络中的社团结构代表根据兴趣或背景形成的真实的社会团体;科学引文网络中的社团结构代表针对同一主题的相关论文;万维网中的社区就是讨论相关主题的若干网站;等等。

虚拟社团发现的核心研究内容即为社团结构发现算法。其中具有代表性的算法主要包括以下几种。

(1)迭代二分法。所谓迭代二分法,是指按照一定的要求,将图分割为两个子图,然后分别对这两个子图进行分割,如此迭代下去直至达到指定的子图数量。在虚拟社团的发现问题上,最常用的迭代二分法,一种是基于图的拉普拉斯矩阵特征向量的谱二分法,另一种是基于对社区内和社区间的边数进行优化的贪婪算法。

其中谱二分法基于这样的原理,即若网络可以分解为 g 个互不重叠、互不连接的子图 G_k,则其拉普拉斯矩阵 L 为对角矩阵,每个对角块为相应子图的拉普拉斯矩阵。此时,该拉普拉斯矩阵 L 存在 g 个与特征值 0 对应的特征向量 $v^{(k)}$,$k=1,2,\cdots,g$,其中 $v^{(k)}$ 的对应分支 G_k 的分量为 1,而其余分量为 0。

当这些子图之间具有少量连接时,则图的拉普拉斯矩阵 L 只存在一个特征值为 0 的特征向量,但存在 $g-1$ 个特征值接近于 0 的特征向量,对应的特征向量可以近似看成上述 $v^{(k)}$ 的线性组合。因此,只要找到拉普拉斯矩阵的几个接近于 0 的特征值,然后求对应的特征向量的线性组合,即可近似得到这些子图。

谱二分法的计算速度取决于网络图的拉普拉斯矩阵特征向量的计算。一般计算一个 $n \times n$ 矩阵的特征向量需要 $O(n^3)$ 次运算,但对于大多数实际网络,拉普拉斯矩阵为稀疏矩阵,因此可以采用快速数值算法来计算最小的几个特征值对应的特征向量,其算法复杂度大约为 $O(m/\lambda_3 - \lambda_2)$,其中 m 为图中的边数。

而 Kernighan 和 Lin 提出的基于对社区内和社区间的边数进行优化的贪婪算法,是通过定义一个效益函数 Q,用于表示位于子图内部的变数之和减去子图之间的边数,然后在指定分割的两个子图大小的前提下,计算交换任意两个节点数带来的效益函数的变化,并选取变化最大的节点对进行实际交换,直至所有的节点均已交换过,则效益函数 Q 最大时对应的图分割,即为所求的图分割。该算法最坏时间复杂度为 $O(n^2)$。但影响其实际应用的主要限制在于该算法必须预先指定分割的社团的大小。

(2)层次聚类法。层次聚类法的思路是针对每一对节点 (v_1, v_2),根据网络结构定义其节点相似度,从一个只具有节点的空网出发,根据相似度大小,依次在节点对之间加边。然后在这一根据相似度关系构建出的新网络中,按照连通性将节点划分为不同的社团。这种方法被称为单连接法。其时间复杂度大致为 $O(n^2 \log n)$。而另一种思路是将加边过程中形成的极大节点集团作为分解出的社团结构。所谓极大点集团,是指不存在包含该集团的更大集团。这种方法被称为完全连接法。完全连接法具有更好的特性,但其时间复杂度可达到指数级别,因此在实际应用中极少应用。

基于层次聚类的虚拟社团发现算法,无须指定子图大小,但也无法确定最终应分解为多少个社区。同时,还存在孤立节点问题,即存在大量节点无法确定其归属。

(3)G-N 算法。与层次聚类算法加边的思路相反,Girvan 和 Newman 提出了一种基于去边的方法,从而避免了层次聚类方法中节点无法确定归属的问题。

其基本思路为,社团之间存在的少数几个连接是社团间通信的瓶颈,如果考虑网络中某种形式的通信,并找到具有最高通信流量的边,则这些边就应该是连接不同社团结构的通道。那么去除这些边,就得到了网络的最自然分解。

为度量网络间的通信,Girvan 和 Newman 定义了边介数的概念,即所有节点对之间的最短路径中经过该边的路径数。其算法基本流程为计算网络中的所有边的介数,找到介数最高的边并将其从网络中移除。

该算法的时间复杂度为 $O(mn^2)$,其中 m 为图中的边数,n 为节点数。其存在的问题一是其时间复杂度较高,二是无法判断何时社团分解达到最优。

为解决 G-N 算法时间复杂度较高的问题,Tyler 等人在 G-N 算法的基础上提出了近似算法。G-N算法中时间复杂度最高的步骤即计算所有边的边介数,而 Tyler 等人则论证了仅需较少的节点样本,即可获得理想的计算结果,从而大大减少了计算时间。

Radicchi 等人则提出了一种自包含 G-N 算法。Radicchi 等人提出了强社团结构与弱社团结构的定量概念,并做出结论:如果一个网络得到的所有子网络中,只有一个网络满足社团结构的定义,那么这种划分的方法就是不正确的或者该网络不具备社团结构。而自包含G-N算法的基本流程,是在 G-N 算法的流程中加入判断,若分解出来的子网络至少有两个子网络满足社团定义,则认为这是一次成功的划分。

(4)Radicchi算法。除了采用边介数指数选择在社团分解中需要去除的边,还可以根据一些其他指标。Radicchi 等人提出了边聚类系数的概念,其算法时间复杂度为 $O(m^4/n^2)$。显然,对于稀疏图,该方法比 G-N 算法要快一个数量级。该算法依赖于网络中的三角形的数量,在网络中存在大量三角形(如各种社会网络)时,该算法具有较为显著的效果。

(5)W-H算法。Wu 和 Huberman 基于电阻网络的性质提出了 W-H 算法,其主要思路是将网络中每条边视为单位电阻值的电阻,其在网络中任意选择的两个节点上加上单位值的电压,则可得到每个节点处的电位值。Wu 和 Huberman 认为,如果网络可以分解为两个社团,并且所选的两个节点分属于不同的社团,那么电位谱在连接两个社团的边的两端会产生一个较大的间隙。Wu 和 Huberman 采用了迭代的方式近似计算每个节点处的电位值,其时间复杂度为 $O(m+n)$。并且,该算法的重要特点是可以用来确定包含指定节点的社团结构,而无须计算出所有的社团。

(6)快速 G-N 算法。虽然标准的 G-N 算法准确度较高,但是其时间复杂度也较高,无法应用于大型网络。因此,Newman 在 G-N 算法的基础上提出了一种快速算法。其基本过程是首先将网络中每一个节点均视为一个社团,然后依次合并有边相连的社团,并计算合并后的模块度增加,根据贪婪算法的原理,使合并按照模块度增大最多或减小最少的方向上进行。该算法对稀疏网络的时间复杂度为 $O(n^2)$。在此基础上,Clauset,Newman 和 Moore 等人采用堆的数据结构,使其算法复杂度降低到 $O(n \log^2 n)$。

(7)派系过滤算法。目前,大多数社团分解算法都是将网络图中的节点唯一地划分入一个社团结构。但是在现实的网络中,社团结构并不是绝对彼此独立的,而是彼此重叠相互关联的。在这种情况下,很难单独地将这些社团划分出来。因此,Palla 等人提出了一种派系过滤的算法来分析这种互相重叠的社团结构。所谓派系,是指网络中一系列相互连通的小的全耦合网络,Palla 提出的派系过滤算法,则是采用从大到小、迭代回归的算法来寻找网络中的派系。该算法复杂度大致为 $O(an^{\beta \ln(n)})$。

3.6.2 节点角色地位评估

社团结构的发现将规模庞大、关系复杂的大型网络划分为一个个相对独立的结构,从而为总体上把握网络提供了支持。但是,在发现社团结构之后,人们经常还会希望了解、评估社团结构中的成员在此社团中的角色地位。例如:如何根据犯罪团伙的电话往来记录,确定发现其中的重要头目;如何查找大型供电网络中一旦出现故障就会造成严重影响的节点;等等。甚至在 Web 信息检索中,如何根据 Web 页面之间的相互关联,发现哪些网站最为权威,也属于节点角色地位评估的范畴。因此,对于网络节点的角色地位评估,也成为了近年来虚拟社团挖掘分析的研究热点。

目前,对于节点的角色地位评估,常见的有以下几种标准。

(1)度指标。度指标即为与该节点直接相连的节点的数量,该指标用于描述静态网络中节点产生的直接影响力。

(2)紧密度指标。紧密度指标定义为该节点到达所有其他节点的距离之和的倒数,该指标用于刻画网络中的节点到达其他节点的难易程度。

(3)特征向量指标。节点的度指标仅仅描述了该节点对于其他节点的直接影响力,但事实上,在很多网络中,若一个节点与另一个地位很高的节点相连,则其地位也应该很高。为了满足这种特性,经常也会采用根据邻接矩阵的特征向量定义的指标来对其地位进行描述。

(4)介数指标。介数指标用于描述网络中的节点对于信息流动的影响力,通过累加网络中任意两个节点经过指定节点的最短路径数与所有最短路径数的比值进行计算。

(5)Authority 与 Hub 指标。该指标对主要描述节点在有向图中的权威性(Authority)与中心性(Hub)。这一概念由 Kleinberg 提出,并且他给出了计算节点的权威性与中心性参数的 HITS 算法。其基本思想是,网络中一个好的中心节点应该指向很多权威节点,而一个好的权威节点应该被很多中心节点指向。与前述指标不同的是,该指标对不仅体现了网络中节点的地位,而且对其所处的角色进行了评估。

(6)社团角色指标。Scripps 专门针对网络中节点在虚拟社团中的地位进行了研究,提出了将其角色分为 Big Fish,Loners,Ambassadors 和 Bridges(见图 3 - 30)的方法。其中 Ambassadors 拥有很高的度值,并且其社团得分也很高;Big Fish 代表了仅在社团内重要的成员,这些节点的度较高但是社团得分不高;而 Bridges 的度较低但社团得分较高,其在网络中往往用于连接少量的社团;剩下的则为一般成员。

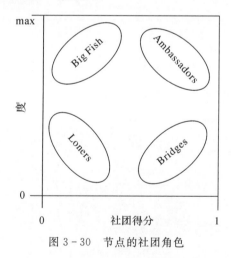

图 3 - 30　节点的社团角色

3.6.3　基于马尔可夫聚类的虚拟社团分解

3.4.2 节已经介绍了马尔可夫聚类及其在热点主题发现中的应用。现在再次将其应用在网络论坛用户群的虚拟社团分解中。马尔可夫聚类的基本原理与算法步骤此处不再赘述,仅对其处理步骤及其计算结果进行描述。

首先根据论坛用户的发帖回复关系构建网络。其构建步骤为:以用户为网络中的节点,若用户 A、B 之间存在发帖回复关系,或同时对一篇发帖进行回复,则在其之间连接一条边。两节点之间已存在边的,则将其边的权重加 1。最终生成一个无向权重图。

为保障聚类的快速和聚类结果的简洁,可以清理掉所有孤立节点;或根据权重阈值,将图中权重低于指定值的边移除后,再清理掉孤立节点。

然后,根据该图的权重矩阵,定义节点之间的相似度为

$$\frac{w(e_{i,j})}{w(d(v_i)) + w(d(v_j))} \qquad (3-8)$$

式中,$w(e_{i,j})$ 为边 $e_{i,j}$ 的权重,$w(d(v_i))$ 为节点 v_i 的加权度。

之后,对相似度矩阵进行马尔可夫聚类,生成论坛用户的虚拟社团分解。

以 CyberCTM 论坛立法会选举版块 9 月 1 日至 9 月 17 日数据为例。数据集中包含 18 459 篇发帖,2 221 个用户。

通过马尔可夫聚类,将所有用户划分为 240 个社团。社团大小-累计数量分布统计曲线如图 3-31 所示,可以看出其满足幂律分布。

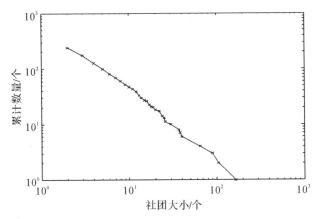

图 3-31 社团大小-累计数量分布统计曲线

其中,最大的社团结构包括 163 个成员,如图 3-32 所示。

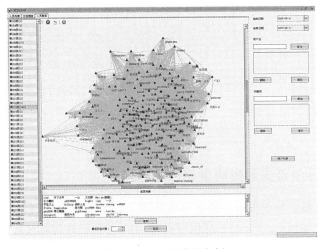

图 3-32 社团分解实例

3.6.4　基于 HITS 的成员角色地位评估

在对电子邮件网络的分析中发现,基于 Authority 和 Hub 的指标可以很好地描述成员在网络中的地位。以 Enron 邮件语料库为例,该语料库中共包含 200 399 封电子邮件。

现在对邮件头进行分析,若用户 A 向用户 B 发送一封邮件,则生成一个代表用户 A 指向用户 B 的权重为 1 的边。若 A 指向 B 的边已经存在,则将其权重加 1。由于收件地址中经常包括多个收件人(无论其属于收件人、抄送还是暗送地址),所以在网络构建中经常同时生成多个有向连接。最终生成的邮件网络如图 3－33 所示。

图 3－33　Enron 邮件网络

由于一般可以认为 A 和 B 之间同时存在收件和发件的关系,也就是既存在 A 指向 B 的连接,又存在 B 指向 A 的连接时,A 与 B 才有关系,所以,我们清除了网络中所有单向连接及由此出现的孤立节点。

对该网络运行 HITS 算法,并根据计算出的 Authority 值与 Hub 值进行布局(横轴为 Hub 值,纵轴为 Authority 值),得到如图 3－34 所示的基于 HITS 的成员角色分析图。

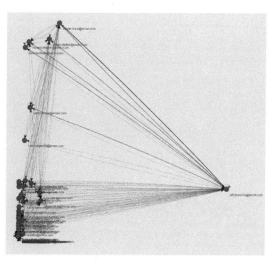

图 3－34　基于 HITS 的成员角色分析图

对具有较高 Authority 值和 Hub 值的邮件地址进行查证,可以发现,这些邮件地址均为 Enron 公司内部的管理高层的邮箱。因此,该角色地位评估算法是有效的。

3.7　小　　结

本章从海量文本中挖掘出热点序列,通过词汇的同现性,构建出词汇关联网络,然后对关联网络进行聚类分析,从而挖掘出热点话题。为了从理论上证实笔者提出方法的有效性和精确性,从实证上对词汇关联网络的机制进行了系统的研究,并提出了词汇关联网络的形成机制模型,还从实证上发现了词汇关联网络中大量存在的幂律关系。另外,舆情是与特定用户群密切相关的,为此,从虚拟社团的分析出发,研究用户群之间的角色评估,为热点话题所对应的社团进行分析。

第 4 章　面向命名实体检索技术

第 2,3 章中提出的热点序列挖掘和热点话题挖掘,解决了普适地从 Data 挖掘出 Information 的问题。本章所提出的检索技术,将解决具有特定目标的、从 Data 中挖掘出特定 Information 的问题。为此提出一种新的检索技术——面向命名实体的检索技术。

命名实体检索的前提是在文档中高效准确地发现命名实体。本章首先对命名实体识别的相关技术进行概述,然后介绍基于专家系统的命名实体识别实现方式,接着提出通过命名实体规范化实现从词汇检索到语义检索的转变,之后介绍三种命名实体检索的模式及其实现方式,最后给出命名实体搜索引擎的结果实例。

4.1　命名实体识别技术

4.1.1　概述

命名实体识别(Named-Entity Recognition,NER)的主要任务是识别出文本中的人名、地名、机构名等专有名称及有意义的时间日期、URI 地址、各类数字(货币、电话号码、邮政编码等)等并加以归类。其中,时间日期、URI 地址和各类数字等一般具有较为明显的格式,较为容易处理,而人名、地名和机构名则用词比较灵活,识别难度较大。因此,命名实体识别的主要研究内容就在人名、地名和机构名的识别上。

命名实体识别的方式大体上可以分为基于规则和基于统计学习两种。其中基于规则的方式是通过人工编写的规则,以及预定义的词典或命名实体库对文本进行处理。典型的例子包括 Gate 项目中的 ANNIE 系统、FACILE 系统等。这些系统均包含了大量精心设计的规则,并对规则赋予了一定的权值,当发生规则冲突时,将选择权值最高的规则进行处理。显然,这种方法的实际效果依赖于其人工编写的规则的质量,并且其应用的语言与具体领域,由于人工编写规则的局限性,往往较为固定。

另外一种主要的处理方式为基于统计学习的方式,即通过人工标注的语料,通过机器学习的方法,实现命名实体的自动提取。使用统计学习进行命名实体识别的优势在于其移植到新领域时无需或仅需要极少的改动,而仅需要对新语料进行一次训练,因此该方式成为了目前的主流处理方式。

按照统计学习的方式,基于统计学习的命名实体识别又可以分为监督学习、半监督学习和无监督学习 3 种方式。监督学习的常用技术包括隐马尔可夫模型(Hidden Markov Model,HMM)、决策树、最大熵模型(Maximum Entropy Model,ME)、支持向量机(Support Vector Machine,SVM)和条件随机场(Conditional Random Field,CRF)等。

监督学习要求有大量的已标注文本作为训练数据,而标注语料库的工作量也十分庞大。目前,可用于命名实体识别的通用语料库,尤其是中文语料库,在数量和规模上都十分有限。为此,引入了半监督学习的方式。半监督学习中最常见的是基于引导(Bootstrapping)技术,尤其是近年来提出的互引导(Mutual Booostrapping)技术的各种变体,该技术可以通过少量起始种子样本,即开始学习过程。而种子样本的获取,既可以为用户输入,又可以为其他命名实体识别系统的输出。

无监督学习的主要形式是聚类,例如,可以对大量相似内容的文本中搜集命名实体。此外,还有一些其他技术手段,如基于词法分析。

除了将已标注语料作为学习的语料外,近年来,将外部资源(如 WordNet、HowNet 或 Wikipedia 等)作为知识库,在命名实体识别中也得到了广泛应用。

在实际应用中,很少采用一种单独的模型来进行命名实体识别。一般而言,基于规则的判别式系统往往具有较好的分类效果,但往往局限于某个领域;而基于统计学习的产生式模型则具有在学习过程中引入非标注样本的推广功能,但其性能受限于庞大的自然语言搜索空间。因此,在实际应用中,一般均采用混合模型,达到利用规则和先验知识对搜索空间进行剪枝和过滤的目的。其混合方式既包括了各种统计模型内部的混合,又包括了规则词典与学习方法之间的混合,以及采用多级训练学习的方式,将前一级的学习结果作为下一级的学习数据。

4.1.2 基于专家系统的命名实体识别系统的实现方法

在命名实体的识别中,采用了专家系统的实现方式,用于维护和应用命名实体发现中所需要的大量规则与知识。

所谓专家系统,是利用大量专业知识解决特定领域问题的计算机程序。其本身并不要求具有高智能性,但其必须具有基本的逻辑推理机制,用于将系统内的规则链连接起来。由于大部分的人类问题的求解或认知可以用 IF…THEN…的产生式规则表达,所以专家系统或称为基于知识的系统,这样一个高效的可以将大量关系复杂的产生式规则依据其逻辑因果关系组织起来,并在应用中可以对规则进行高速匹配,在维护中可以对规则进行灵活修订的计算机软件架构,成为常规程序设计中一个可选择的设计模型。

在命名实体发现的具体实现方式上采用了专家系统的方式,即将大量已经过验证有效的命名实体识别规则,以及通过统计学习抽取出的命名实体识别模式,还有与命名实体识别有关的背景知识,加入专家系统中。利用专家系统在匹配维护大量规则上的优越性,实现命名实体的有效识别。在具体的专家系统的实现中,笔者利用了 Jess 框架。该框架是用 Java 实现的一个经过扩充的 CLIPS 版本,在其正向推理的基础上,增加了逆向推理的支持,并且与 Java 语言良好集成。

利用该系统实现方式,达到了对命名实体有效识别的目的。以中文姓名的识别为例,下面定义一些基本规则(已简化):

(1)若出现中文姓氏(根据专家系统中百家姓及统计结果得到的汉语姓氏背景知识判断),则检查姓氏前是否有称呼前缀,如"老""小"等;

(2)若出现中文姓氏,则检查姓氏后是否有称呼,如"老师""叔叔""主任"等;

(3)若姓氏前有称呼前缀,则检查姓氏后是否有"村""庄""店"等地名后缀;

(4)若有地名后缀,将其识别为代表地理位置的命名实体;

（5）若无地名后缀,将其识别为代表人名的命名实体;

（6）若姓氏后有称呼,将其识别为代表人名的命名实体;

（7）若姓氏后无后缀,则检查姓氏后两个字符之后是否可正常分词;

......

可以看出,这些规则彼此之间具有较为复杂的逻辑关系。如果采用常规的程序逻辑控制语句,其结构将异常烦琐;并且在规则改变极少的情况下,其逻辑判断部分必须重写。而采用专家系统的实现方式,可以有效地将各种规则组织起来,且便于系统的维护。

4.2　命名实体规范技术

高质量的信息检索必须要面对的困难是自然语言的多样性、模糊性与复杂性。本节首先分析基于具体文本表达形式的索引存储机制存在的问题,然后通过对命名实体本身特点的分析,引入命名实体规范化的概念,接着对多种最基本类型的命名实体给出具体的规范化方法,最后对其具体实现方式给予描述。

4.2.1　基于命名实体文本形式的索引

4.1节介绍了命名实体识别（Named-Entity Recognition,NER）的基本理论与方法,以及基于专家系统的实现方式。根据近年来各种 NER 算法在 MUC-6、CoNLL 测试文本集上的评测结果,针对英文地名、人名和机构名的识别精度和召回率已可超过 90%;而针对中文的命名实体识别也可达到 80% 的准确率与召回率。

目前绝大多数命名实体识别系统,无论其识别算法是基于人工编写的规则,还是基于标注语料库的有监督或半监督统计学习,其最终识别结果均为文档中的原始文本片段,即命名实体的字符表达形式。而绝大多数实体检索系统,也都是直接将这些提取出的字符串索引和存储,在用户提交查询后,根据一定的排名算法,将相关度最高的文档或代表实体的字符串返回用户。

这种直接对实体的文本形式进行索引和存储的方法,可以有效地利用目前已经非常成熟的文本索引技术。从实现角度来讲,一般仅需修改或重新设计排名算法模块,即可直接基于诸如 Lucene 等全文索引系统来构建实体搜索引擎。

然而,将命名实体的字符表达形式作为基本索引存储类型,存在以下问题。

（1）歧义。歧义是指命名实体字符串表达形式相同而语义不同的情况。例如,在代表日期时间的命名实体中,代表相对时间的表达形式,如"今天早上""下礼拜五"等,根据文本生成时间的不同,可代表不同的实际日期;在代表地理位置的命名实体中,"东大街""解放路"等一些在很多城市都有的地名,根据其上下文,也可指向完全不同的地理位置;在其他类型的命名实体中也存在类似情况。歧义的存在,将使基于命名实体字符表达形式的检索返回大量无关信息,从而直接对评价检索效果的基本度量——精确率造成显著影响。

（2）共指。共指是指命名实体字符串表达形式不同而语义相同的情况。例如,在代表日期时间的命名实体中,为表达"2011 年 5 月 1 日",可以采用"2011 - 05 - 01""一一年五月一日""May 1st,2011"等完整表达形式,或"五一""五月第一天"等部分信息省略形式,或"明天"（书写于 2011 年 4 月 30 日）"本周日"（书写于 2011 年 4 月 30 日）等相对指代形式。由于用户在实际使用中不可能提供所有可能的表达形式作为检索条件,共指的存在,将使基于命名实体字符表达形式的检索无法返回所有相关文档,从而直接影响检索效果的另一个基本评价因素——召回率。

(3)模糊。模糊是指代表命名实体的文本本身具有的语义模糊性。如代表日期时间的命名实体表达形式"这几天""五月初",代表地理位置的命名实体表达形式"西安附近"等。文本表达的模糊性主要对召回率造成影响。

(4)逻辑关系。逻辑关系主要是指同类型的命名实体内部存在的基本语义逻辑关系。以代表日期时间的命名实体为例,其本身存在"之前""之后""包含"等基本关系,如"2011-5-1"在"2011-4-1"之后,"2011年5月"包含"2011-5-1",等等;代表地理位置的命名实体,存在"从属""附近"等基本关系,如"西安"从属于"陕西","西安"在"咸阳"附近,等等。逻辑关系主要对检索的召回率造成影响。更为重要的是,在自然语言的语义理解方面,命名实体逻辑关系的缺失将对其造成重大障碍。

4.2.2 基于命名实体语义内容的索引

由上述对命名实体文本形式索引的分析,可以看出当前影响实体检索,事实上也是所有基于文本的检索方式所存在的问题。这些问题的存在,其根源在于自然语言固有的多样性、模糊性与复杂性。但是命名实体检索相对于更为一般的检索,在消除这些影响上具有以下先天优势。

(1)命名实体种类有限。命名实体,从实用角度讲,一般种类极为有限,大体可分为代表日期时间的命名实体、代表地理位置的命名实体、代表人物人名的命名实体、代表组织机构的命名实体、代表各种数字的命名实体,以及代表域名、电邮等信息的命名实体。而对于一般性文本,其代表的意义可能极为繁多,为自然语言处理带来很大难度。

(2)命名实体表达形式有限。对于每一特定类型的命名实体,其表达形式一般而言都是较为有限的,可以用有限规则描述。例如,在当前基于专家系统的实现中,共定义了63条规则来匹配各种类型的日期时间的表达形式。

(3)命名实体概念相对清晰。对于每一种特定类型的命名实体,其概念的内涵和外延都是相对固定和清晰的。从实现角度来讲,针对特定的命名实体类型,都可以严格定义其包含的内容,以及同类型命名实体之间必要的逻辑关系,甚至有可能定义不同类型命名实体之间的逻辑关系。例如,代表地理位置的命名实体可以大体用"国家""省""市""区县"等几项内容严格描述;地理位置之间的"从属(包含)"关系,也可以通过这几项内容简单计算。

4.2.3 命名实体规范化的基本概念

由于命名实体存在上述特点,所以下面提出命名实体规范化的概念。

定义 4.1 命名实体规范化

所谓命名实体规范化,是将命名实体具体的文本表达形式,转化为根据命名实体类型定义的统一的具有清晰语义的标准形式的过程。每种命名实体的标准形式,称为该类型命名实体的范型。命名实体对应的不同语义,都称为该范型的不同实例。而针对同一语义的命名实体的不同文本形式,称为该实例的表达。

以代表日期时间的命名实体为例,定义其范型为

$$E_{\mathrm{T}} \equiv \{\mathrm{Year}, \mathrm{Month}, \mathrm{Day}, \mathrm{Hour}, \mathrm{Minute}, \mathrm{Second}, \mathrm{FLAG}\}$$

其中，Year 代表年份，Month 代表月份，Day 代表日期，Hour 代表小时，Minute 代表分钟，Second 代表秒，而 FLAG 为一个长度为 6 的二进制数，其中每一位代表了该命名实体的相应字段的有效性。

例如，命名实体实例 $e_1 = \{2011,5,1,17,53,24,111100\}$，即代表"2011 年 5 月 1 日 17 时"的语义，其后的"53 分 24 秒"，由于其对应 FLAG 位为 0，故为无效数据。该实例的表达，则可以为"二零一一年五月一日十七时""今年五一下午五点的时候"等多种形式。

更一般的，可以将命名实体范型定义为二元组，即

$$E \equiv (v, f) \tag{4-1}$$

式中，$v = (v_1, v_2, \cdots, v_n)$ 为范型中表达语义的各个字段，$f = (f_1, f_2, \cdots, f_n)$ 为标识各字段是否有效的标记。

定义 4.2　命名实体实例的匹配与等价

设命名实体 $e_i = (v_i, f_i)$，$e_j = (v_j, f_j)$ 同属于类型 E_A，则定义关系 $e_i \subseteq e_j$，当且仅当 $e_i \cdot f_i \cdot f_j = e_j \cdot f_j$ 时成立，称为 e_i 匹配 e_j。当且仅当 $e_i \subseteq e_j$ 且 $e_j \subseteq e_i$ 时，$e_i = e_j$，称 e_i 等价于 e_j。显然，匹配关系存在传递性，即

$$e_i \subseteq e_j, e_j \subseteq e_k \Rightarrow e_i \subseteq e_k \tag{4-2}$$

例如，日期时间命名实体 $e_1 = \{2011,5,1,17,53,24,111100\}$，$e_2 = \{2011,5,2,13,17,18,110000\}$，有等式 $(2011,5,1,17,53,24) \cdot (1,1,1,1,0,0) \cdot (1,1,0,0,0,0) = (2011,5,2,13,17,18) \cdot (1,1,0,0,0,0)$ 成立，故存在关系 $e_1 \subseteq e_2$。从语义上理解，即"2011 年 5 月 1 日 17 时"匹配"2011 年 5 月"。

由此可以看出，引入命名实体范型及其匹配关系，正是一种试图消除语言复杂性和引入逻辑关系的努力。而基于命名实体范型匹配的检索，将促进信息检索技术实现从字符匹配向语义匹配、由形式到内容的转变。

4.2.4　命名实体规范化方法

如前所述，命名实体规范化的过程即为将命名实体实例的表达逆向转化为实例本身的过程。由于自然语言本身的复杂性、模糊性和多样性，以及在实际应用中对计算代价的权衡，所以一般而言，该过程是个一对多的转化，即一个文本表达，将转化为多个规范化的命名实体实例，并对应不同的置信度，即

$$\mathrm{String} \Rightarrow \begin{cases} (e_1, c_1) \\ (e_2, c_2) \\ \cdots \\ (e_k, c_k) \end{cases}, 0 < c_i \leqslant 1 \tag{4-3}$$

式中，String 为文本表达，e_i 为命名实体实例，c_i 为转换置信度。

转换的过程则需要借助各种语言规则、背景知识及先验知识。以代表日期时间的命名实体为例，"2011-05-01""May 1st, 2011""2011 年 5 月 1 日"等信息完整、精确的表达形式，仅需根据语言规则，即可将其规范化；"今年中秋""国庆期间"等表达形式，则需借助中国农历及各种节日的背景知识；"下周一""明天"等表达形式的规范化，必须借助文本生成时间的先验知识；"这两天"等模糊表达，则不仅需要文本生成时间的先验知识，更需要对其模糊性进行处理，

将其转换到一系列的日期上,并赋予合适的置信度。

背景知识的需求在规范化代表地理位置的命名实体的过程中更为突出。依据 Google 地图的定义方式,将地理位置的命名实体范型定义为

$E_{\mathrm{L}} \equiv \{$COUNTRY,

ADMINISTRATIVE_AREA_LEVEL_1,

ADMINISTRATIVE_AREA_LEVEL_2,

ADMINISTRATIVE_AREA_LEVEL_3,

LOCALITY,

SUBLOCALITY,

FLAG$\}$

其中,COUNTRY 代表国家,ADMINISTRATIVE_AREA_LEVEL_1 代表省份、自治区或美国的洲或其他国家的同级行政区划,ADMINISTRATIVE_AREA_LEVEL_2、ADMINIS-TRATIVE_AREA_LEVEL_3 在我国没有对应概念,但在其他国家(地区)中可能具有,LOCALITY 代表市或其统计行政区划概念,SUBLOCALITY 与我国的区县概念接近,FLAG 则代表各个字段的有效性。根据该范型,各个代表地理位置的命名实体表达将被规范化到精确度为区县的地理概念上。而这一转换过程,直接使用了 Google 地图作为地理信息数据库,将命名实体识别中得到的地名的文本表达根据其 Google Static Map 的 API 规范向服务器发起查询请求,然后将查询到的结果解析并进行归并精简为范型。

此外,在代表地理位置的命名实体的规范化过程中,经常遇到的问题是出现"重名"现象。重名现象主要是指一个地名,如"东大街",在很多城市都存在,而简单借助地理信息系统无法将其映射到一个确定的省市。因此,命名实体规范化过程将其转换为一系列可能的地理位置,并赋予适当概率。而概率赋值最简单的做法是将所有可能位置赋予相同概率值。然而事实上,很多文档都包含相关信息可用于调整概率值。某些类型的半结构化文档本身包含其作者所在地区或与之相关的信息,如电子邮件头中包含发出时的 IP 地址,论坛发贴包含作者所在IP。文档集中所有已知地名的经验分布也可以作为参考依据。

最具有参考价值和普遍意义的是同一篇文档中出现的其他地名。其基本出发点是在同一篇文档中谈论的地名倾向于集中在若干城市。因此,概率调整算法如下。

假设文档中共出现 M 个代表地名的命名实体,可能涉及的城市为 N 个,定义地名命名实体与城市的关系指示矩阵为

$$\boldsymbol{R}_{\mathrm{Entity-City}} \equiv [r_{ij}]_{M \times N} \qquad (4-4)$$

式中

$$r_{ij} = \begin{cases} 1, & \text{城市 } j \text{ 包含与命名实体 } i \text{ 重名的地名} \\ 0, & \text{城市 } j \text{ 不包含与命名实体 } i \text{ 重名的地名} \end{cases} \qquad (4-5)$$

则命名实体在各个城市上的初始概率矩阵为

$$\boldsymbol{P}_{\mathrm{Entity-City}} \equiv [p_{ij}]_{M \times N} = \left[\frac{r_{ij}}{c_i}\right]_{M \times N} \qquad (4-6)$$

式中

$$c_i = \sum_{j=1}^{N} r_{ij} \qquad (4-7)$$

定义权重向量为

$$\boldsymbol{\theta} = \left\{ \sum_{i=1}^{M} p_{1j}, \sum_{i}^{M} p_{2j}, \cdots, \sum_{i}^{M} p_{Nj} \right\} \equiv \{\theta_1, \theta_2, \cdots, \theta_N\} \qquad (4-8)$$

则加权后的概率矩阵为

$$\boldsymbol{P}_{\text{Entity—City}} \equiv \left[p_{ij} \right]_{M \times N} = \left[\frac{p_{ij}\theta_i}{\varepsilon_i} \right]_{M \times N} \qquad (4-9)$$

式中

$$\varepsilon_i = \sum_{j}^{N} p_{ij}\theta_i \qquad (4-10)$$

即命名实体 i 位于城市 j 的概率为 p_{ij}。

举例说明如下：设文档中包含 3 个地名 X、Y、Z。地名 X 位于 A 城市,地名 Y 可能位于 A 或 B 或 C 城市,Z 可能位于 A 或 D 城市,则初始概率见表 4 - 1。

表 4 - 1　地名分布初始概率

	A	B	C	D
X	1.0	0	0	0
Y	0.33	0.33	0.33	0
Z	0.5	0	0	0.5

经过加权运算后,其概率调整见表 4 - 2。

表 4 - 2　地名分布加权概率

	A	B	C	D
X	1.0	0	0	0
Y	0.73	0.13	0.13	0
Z	0.79	0	0	0.21

4.2.5　命名实体规范化的实现方式

根据前述命名实体规范化的方法可知,其转换过程中相当一部分工作为规则匹配与内容解析。例如,将识别出的代表日期时间的命名实体的表达形式“2011 - 05 - 01”转换为范型,其过程为利用规则库,检查该表达方式与哪种转化规则条件吻合。候选条件用正则表达式描述可能有几十种,如：

```
\d{2}-\d{1,2}-\d{1,2}
\d{4}-\d{1,2}-\d{1,2}
\d{2}年\d{1,2}月\d{1,2}日
\d{4}年\d{1,2}月\d{1,2}日
……
```

因此,系统需要逐一匹配,以发现吻合的条件,并找到对应的转化方法。当候选规则较多时,该过程将消耗较多时间。

回顾上述命名实体识别的过程,尤其是基于专家系统的实现方式,可以发现,该条件在识

别过程中就已经进行过选择与判定。因此,可以将命名实体识别与规范化的过程结合起来。其逻辑关系为

$$Pattern \rightarrow Extractor \rightarrow Regularier$$

即文本吻合的模式决定命名实体解析器的工作方式,而命名实体解析器的工作方式则进一步决定规范化的转换方式。

在实际运行系统中,无论是文本吻合的模式、命名实体解析器的工作方式,还是规范化的转化方式,种类均较多。并且在实际运行过程中,这些因果规则都可能随时更改。那么,对于这种复杂并且随时可能变更的因果链推理机制,最为合适的实现方式即专家系统。如果说之前命名实体识别中仅仅由于可能匹配的模式较多,而使专家系统的使用不是那么必要的话,那么随着命名实体规范化的引入、内部逻辑链的有效建立及规则的有效维护的复杂度非线性提高,使得专家系统的实现方式变为最优选择。

4.2.6 命名实体的索引与存储

在确定了命名实体的范型与其匹配方式后,即可对其索引结构和存储方式进行研究。

显然,由于各种命名实体的范型不同,所以其具体索引与存储也不相同。但是,对于各种命名实体,都需要包含以下内容:①命名实体的表达,用字符串表示;②命名实体在文档集中的位置,用二元组(d_i, o_i)表示,其中d_i表示其属于的文档序号,o_i表示其在文档中的偏移量;③字段有效性标记,代表命名实体实例中各个字段的有效性,用一个整型值表示,该整型的各个二进制位代表其有效性;④根据命名实体具体类型不同的具体字段;⑤在命名实体规范化过程中转化的置信度。

下面利用数据库实现命名实体的存储与索引。数据库逻辑结构如图 4-1 所示。其中在表 String 中,存储了命名实体的在原始文档中的表达形式,并将 String ID 作为表的主键,此外还对具体表达构建索引;在表 Expresion 中,存储了命名实体所属的文档编号d_i,以及在文档中的字符偏移量o_i,并且通过外键连接指向表 String 中的命名实体的具体表达,该表的主键为 Expression ID,此外对 String ID 也建立索引;在表 Entity 中,存储了规范化后的命名实体,其中包括根据命名实体类型不同而不同的数据字段,以及标识字段有效性的标记项,显然,系统要存储多少种命名实体,就需要建立多少张 Entity 表,在该表中,Entity ID 为主键,此外对各个数据段根据其逻辑关系构建联合索引;在表 Transform 中,记录了命名实体规范化的转化过程,包括其原始表达(对应 Expression 表内容)的编号,规范化后的命名实体(对应 Entity 表内容)的编号,以及转换时的置信度,一般而言,一次转换将在 Transform 表中生成多个行,该表中对 Expression ID 和 Entity ID 分别构建索引。

那么,在文档处理中,若系统发现了一个命名实体的表达形式,则首先在 String 表中查询是否存在该字符表达形式,若不存在,则在 String 表中加入该词条;然后,在 Expression 表中,加入该表达形式所在的文档的 ID、字符偏移量及对应的 String 表的 ID;在实体标准化的转换后,将转化得到的实体存储入 Entity 表中,并将这一转换对应的 Expression 的 ID 及 Entity 的 ID 写入 Transform 表中。

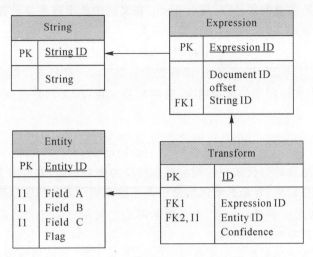

图 4 - 1　命名实体索引与存储

在查询实体的过程中,系统将根据用户输入的实体,首先按照命名实体的匹配规则,在 Entity 表中寻找匹配的实体,得到这些实体的 ID;然后据此在 Transform 表中得到对应的 Expression ID;再根据 Expression ID,在 Expression 表中查询到包含该实体的文档编号与其在文档的具体位置。

4.3　命名实体检索模式与排名算法

有意义的信息检索,其核心问题之一为相关性的评估,即排名算法。仅仅将包含检索的内容无序地输出给用户,在海量数据的前提下,是毫无实际意义的。本节在定义命名实体检索的3 种基本模式的基础上,给出了不同模式下的排名算法及实现方式,并对其合理性进行评估。

4.3.1　根据命名实体检索文档:E2D 模式

所谓 E2D 模式,是指 Entity to Document 的模式,即根据用户给出的命名实体,查找与之最为相关的文档。可以看出,这种模式是标准的关键词检索在命名实体检索上的简单扩展。下面将这种模式形式化描述如下:

给定一个基于实体集合 $E=\{e_1,e_2,\cdots,e_n\}$ 的文档集合 $D=\{d_1,d_2,\cdots,d_n\}$,在得到查询 $q=\{e_{i1},e_{i2},\cdots,e_{in}\}$ 的情况下,给出与 q 最为相符的 N 个文档的有序集 $r=<d_{j1},d_{j2},\cdots,d_{jN}>$,其中 r 按照与 q 的相关度排序。

那么,在经典关键词检索的方式中,一个经常被采用(如 Lucene 的默认配置)的评分算法为

$$\mathrm{score}(q,d)=\mathrm{coord}(q,d)\mathrm{lengthNorm}(d)\sum \mathrm{tf}(t,d)\mathrm{idf}(t)^2 \qquad (4-11)$$

$\mathrm{coord}(q,d)$ 代表的是在这个文档 d 中词汇 t 出现的比例,也就是文档中出现的不同 Term 数量和查询条件 q 中不同 Term 的数量之比。因此,文档中出现的 Term 越多,得分越高。

$\mathrm{lengthNorm}(d)$ 是文档在建立索引时加入的一个参数,是根据文档某个字段含有的 Term 数量来计算的。Term 较少的字段将得到更多的得分。

tf(t,d) 表示的是在查询条件中,每个 Term 在文档中的出现频率。查询关键词出现的频率越高,文档的得分就越高。其默认的计算公式为

$$\text{tf}(t,d) = \text{frequency} \tag{4-12}$$

idf(t) 表示的是反转文档频率,这个函数表示的是 Term 在所有文档中一共在多少个文档中出现过。这是因为文档出现的次数越少,就越容易定位,故文档数越少,得分就越高。其默认计算公式为

$$\text{idf}(t) = 1 + \log\left(\frac{\text{numDocs}}{\text{docFreq} + 1}\right) \tag{4-13}$$

那么,可以简单地将评分公式中的词汇概念替换为命名实体,即可用于命名实体的检索。

但是,采用该评分标准,在命名实体检索中并不能得到满意的检索结果。其最重要的原因在于该评分标准仅考虑了词频的因素,而未考虑词汇之间相对位置的因素。但这一点在面向命名实体的检索中,其影响不容忽视。

例如,用户检索条件为时间命名实体"1949 年 10 月 1 日"与地理位置命名实体"北京",那么,对于一篇文档以"一九四九年十月一日,天安门广场上人头攒动……",和一篇文档以"1949 年 10 月 1 日,台湾方面 ……(间隔大量文字)…… 10 年后,北京……"涉及用户检索的条件,显然第一篇文档的相关性要高很多。

事实上,一般的关键词检索,绝大多数都是以空间向量模型(Vector Space Model,VSM)为基础的。该检索模型是将用户检索的条件视为一篇短文档,然后在被检索的文档中集中寻找与该文档在词汇向量空间中夹角最小的文档。这种方法的本质事实上最适合的应用情况是根据一篇已知文档寻找与之内容接近的文档。

但是在以命名实体为检索条件的文档搜索中,从用户的应用意图上,用户事实上希望查找到的文档具有以下特性:①完全包含检索条件中指定的要素信息(时间、地点、人物等);②这些要素信息同时出现时是在描述同一主题;③文档中包含较多的与指定的要素信息吻合的具体内容。

回到刚才的例子中,用户在指定检索条件为时间命名实体"1949 年 10 月 1 日"与地理位置命名实体"北京"时,事实上希望查找到能够详细描述 1949 年 10 月 1 日北京发生了什么事,涉及什么人等详细信息的文档。而且显然不希望检索到一篇前半篇大谈 1949 年 10 月 1 日台湾发生的具体事件,后半篇大谈北京小吃的文档。

对上述要求建模,其中完全包含指定检索条件中指定的要素信息这一点较容易判断,可以通过分别查询包含各个命名实体的文档列表,取其交集即可;而对第二点,判断这些要素是否在描述同一主题,从主观上考虑,若检索条件中的命名实体在文档中较为靠近,则可以认为该文档出现了满足检索条件的主题;而对第三点,可以定性地描述为,若与检索条件中的命名实体均比较靠近的文本较多,则文档中包含更多用户希望看到的内容。

下面用如下方式严格定义满足以上要求的评分函数:

对给定的影响函数 $f(x)$,$f(x)$ 为 $[0,1]$ 上的非增函数,则文档中位于偏移量 d_0 的命名实体(包括一般词汇)e_0 对位于偏移量 d_1 命名实体(包括词汇)e_1 的影响为 $f(|d_1 - d_0|)$。若 e_0 在多个位置 $d_{01}, d_{02}, \cdots, d_{0n}$ 出现,则其对 e_1 的影响为 $g(e_0, d_1) = \max\limits_{i}[f(d_1, d_{0i})]$,而 e_0 对长度为 N 的文档的影响为 $f(e_0, d) = \sum\limits_{i=0}^{N} g(e_0, i)$。显然,$0 \leqslant f(e_0, d) \leqslant N$,并且命名实体

对文档的影响仅与其在文档中出现的位置有关。而对查询 $q = \{e_1, e_2, \cdots, e_n\}$，定义文档对查询的评分为

$$\text{score}(q,d) = \frac{1}{N} \sqrt{\sum_{i=1}^{n} f^2(e_i, d)} \qquad (4-14)$$

根据影响函数 $f(x)$ 的不同，其具体实现方式也有所不同。在具体实现中，为了减少计算量，可采用如下窗口函数：

$$f(x) = \begin{cases} 1, & x \leqslant \delta \\ 0, & x > \delta \end{cases} \qquad (4-15)$$

4.3.2　根据命名实体检索命名实体：E2E 模式

所谓 E2E 模式，是指 Entity to Entity 的模式，即用户给出命名实体，系统返回与之最为相关的命名实体。可以看出这种模式在现实中有很强的应用前景。例如，用户可能希望查找指定公司的电话号码，查找与指定人相关的其他人，或查询与指定事件相关的时间、地点等。

在这方面，Bautin 等人提出的基于同现的实体检索，以及 Cheng 等人提出的基于印象模型（impression model）的实体检索，以及 Rode，Hu 等人在排名算法方面的研究，都为实体检索提供了大量的解决思路。其中 Bautin 在其实体检索的实现中，为每一个命名实体建立了一个文本文件，而文本文件的每一行均为文档中包含该命名实体的句子。然后利用 Lucene 的研究成果对新生成的一系列文本文件进行索引。在查询中，Bautin 修改了 Lucene 的评分公式，将 LengthNorm(d) 设置为常量 1，从而避免在查询中优先返回短文档。由于每个文档对应一个实体，所以根据返回的最为相关的一系列文档，则可得到最为相关的文档，即得到其对应的命名实体。

事实上，Bautin 实现的即为一个基于句子同现性的实体检索。笔者采用的方式是依据窗口范围内实体的同现性，并将规范化后的命名实体代替命名实体的字符表达形式，以及用命名实体的匹配代替字符匹配，用于实现命名实体的检索。在具体实现上，根据 4.2 节中介绍的命名实体的数据库存储形式，采用直接在命名实体数据库中查询检索条件中的命名实体对应的窗口内的其他命名实体，并对其分别计数。由此得到一系列与之可能具有关联的命名实体及其出现的频率。

显然，命名实体搭配频繁出现，并不能代表其一定具有相关性。因此，对这些搭配进行 χ^2 检验，将未通过检验的搭配筛除，即可得到对应的与检索条件吻合的命名实体。

此外，考虑到命名实体规范化过程中转换置信度的问题，可在对命名实体计数的过程中将其作为加权系数，由此实现对不同置信度的命名实体的处理。

4.3.3　根据命名实体检索话题：E2T 模式

所谓 E2T 模式，是指 Entity to Topic 的模式，即根据用户给定的命名实体，给出其中涉及的主题。为实现该模式，采取与 E2E 模式中类似的方式，得到对应的命名实体窗口范围内的所有命名实体，并且包含普通的词汇，并进行计数。然后按照词汇关联网络构建的方式，根据同现性构建网络，并采用词汇距离，得到对应的主题。

事实上，如果按照日期的顺序列出每个日期对应的主题，或是进一步根据其涉及的地理位置的不同对其加以分类，则可以实现自动分析，在一定的时间或地点上是否有热点事件发生。

而在社会生活中,群体事件的发生一定需要时间与空间的吻合。那么这种按照时间地点分类的主题发现,对于预防潜在的群体事件有着极为重要的现实意义。

4.3.4　检索实例

笔者对人民网强国论坛的部分数据进行了测试,部分测试结果见表 4 - 3(检索类型中 P 代表人名,T 代表日期时间,L 代表地点,O 代表公司机构),从检索结果来看,其检索结果具有合理性。

表 4 - 3　检索结果实例

检索条件	检索类型	检索结果
胡锦涛	P→P	温家宝、江泽民……
拉登,2011 - 5 - 2	(P,T)→L	巴基斯坦、美国、北阿拉伯海……
微软	O→P	盖茨、李开复……

4.4　小　　结

本章提出面向命名实体的检测技术,这是本书提出的一种新的检索方法,它可以从 Data 中挖掘出特定的 Information。在第 2,3 章中提出的热点序列挖掘和热点话题挖掘,解决了普适地从 Data 挖掘出 Information 的问题。本章所提出的检索技术,将解决具有特定目标的、从 Data 中挖掘出特定 Information 的问题。本章提出了基于专家系统的命名实体识别实现方式、命名实体的规范化技术,以及面向命名实体的检索技术的三种基本形式:E2D 模式、E2E 模式及 E2T 模式,并对其实现方式进行了阐述。笔者所提出的面向命名实体检索技术,在针对特定群体事件的舆情发现、舆情跟踪及舆情分析上,具有重要的应用价值。

第5章 文本分类算法与工程应用

文本分类是机器对文本按照一定的分类体系自动标注类别的过程。其主要目的是将文档按照文档的主题或者主旨来划分类别。文本分类的应用很广,其中一个重要应用是新闻过滤,即筛选出读者感兴趣的内容。

文本分类系统的任务可简单定义为:给定分类体系后,根据文本内容自动确定文本关联的类别。从数学角度来看,文本分类是一个映射过程,它将未标明类别的文本映射到现有类别中,该映射可以是一一映射,也可以是一对多映射,因为通常一篇文本可以与多个类别相关联。

本章主要针对文本分类任务,结合工程应用中的实际问题,对以下内容进行介绍:①针对文档的表示,介绍两种文档向量化方法,包括传统的词频向量及近年来兴起的 Word2Vec 模型,以及基于这两种方法的一些改进;②利用分布式随机森林、梯度上升决策树及深度学习等方法,验证这些方法在标准测试数据集上的有效性;③针对上述分类方法在实际数据集上遇到的性能问题,归纳出不完全文本标注问题,并给出相应算法;④基于文本筛选的场景,对单类学习算法进行探讨,对几种常用的单类学习算法在实际场景下的表现进行验证,针对其在样本极度不均衡下表现不佳的状况,提出基于内部分类中心的学习算法,结合关键词提取技术,大幅度提高分类器的性能,并提出结合监督学习在使用过程中不断提升性能的模型融合方法。本章对这些方法的工程实现要点也都做以概述。

本章出现的主要理论研究成果包括如下几方面:①从理论上推导 Word2Vec 文档向量在高维空间上的概率分布,得到大多数文档分布在一个高维环状结构中,该高维环状结构以各个维度的均值为坐标中心,椭圆半径与方差成比例,并利用实际数据对这一结论进行验证;②基于 NGRAM 关联图,提出一种 $O(N)$ 级别时间复杂度的可分布式的独立频繁子序列的提取算法 iSupport,可用于无词典下的词汇及词组(Multi-Word Unit,MWU)提取,并利用互信息进行结果优化;③基于非完全标注的分类问题,提出基于遗传算法的分组优化算法,发现最优分组数量的经验计算公式,并进一步提出首先预分类,然后基于融合矩阵优化分组再二次分类的两部分类法,大幅度提升非完全标注条件下分类器的性能;④在仅有正向样本的条件下,基于正向样本内部分类结果及文档向量分布规律,结合关键词提取技术,解决样本分布极不均衡条件下的半监督学习问题;⑤提出一种基于人工标注的模型综合方法,以极少量的人工标注信息作为反馈,更新监督学习模型与无监督学习模型,实现算法性能在使用中的逐步提升。

5.1 文档向量空间模型

向量空间模型(Vector Space Model,VSM)是一个把文本文件表示为标识符向量的代数模型,可应用于信息过滤、信息检索、索引、相关排序及分类等自然语言处理任务。

向量空间模型的基本思想是以向量表示文本,即

$$d_j = \{w_{1,j}, w_{2,j}, \cdots, w_{t,j}\}$$

其中,$w_{i,j}$ 为文档 d_i 在第 j 个特征项上的权重。

依据所选特征的不同,文档可以建模为不同的文档向量,适用于不同的自然语言处理任务。

5.1.1 基于词频的文档向量模型

5.1.1.1 基于词频的文档向量的构造

在文档向量空间模型中,目前应用最为广泛的做法是选择词汇作为特征项。向量可以为 0-1 向量,即如果文本中出现该词,那么文本向量的该特征取值为 1,否则为 0;在更精确的情况下,还可以取该词汇的绝对词频或相对词频。

其中,绝对词频是指词汇在文档中出现的频率。但显然这种表示方法与文本长度高度相关:一般而言,文档长度越长,各个词汇出现的频度显然会持续增高,从而导致对长文本的偏向性。

为解决这一问题,在基于词汇的频度的文档向量建模方法中,一般采用相对词频,将词汇频度归一化,其最主要的计算方法主要通过 tf.idf 方法。

其中 tf 是指词条频度(Term Frequency, TF),指词条在文档中出现的频次,该指标描述了指定词条在给定文档中的重要性,这个指标越大,代表该词汇对文档的描述程度越高;df 是文档频度(Document Frequency, DF),代表出现指定词条的文档数量,该指标描述了词条的信息度,若一个词条在各个文档中均出现,那么代表这个词和文档的内容关系不大。而将词条频度与文档频度结合起来的方法,即 tf.idf 方法。

在 tf 与 df 具体计算公式,以及两者结合之后的归一化方法上,有多种不同的选择。常见方法见表 5-1。

表 5-1　tf.idf 计算方法

词条频度的计算		文档频度的计算		归一化的方法	
n (natural)	$tf_{i,j}$	n (none)	df_i	n (no normalization)	
l (logarithm)	$1+\log(tf_{i,j})$	t	$\log \dfrac{N}{df_i}$	C (cosine)	$\dfrac{1}{\sqrt{w_1^2 + w_2^2 + \cdots}}$
a (augmented)	$0.5 + \dfrac{0.5tf_{i,j}}{\max_i(tf_{i,j})}$				

选择词条频度、文档频度及归一化方法,即可组合成不同的 tf.idf 计算公式。其中最常用的计算公式为

$$\text{weight}(i,j) = \begin{cases} [1+\log(tf_{i,j})] \times \log \dfrac{N}{df_i}, & tf_{i,j} \geqslant 1 \\ 0, & tf_{i,j} = 0 \end{cases}$$

上式组合了词条频度计算方法中的 l 方法、文档频度计算中的 t 方法及归一化中的 n 方

法,依据以上定义,即可简称为 ltn 方法。

5.1.1.2 特征降维

基于词频的文档向量模型在信息检索等领域得到广泛应用。但在文本分类领域,由于文档中包含的词汇数量往往数以万计,从而使得用于表征文本的向量维度也相应变为上千甚至几十万维。但在数据分析领域,过高的维数往往导致"维数灾难"(Curse of Dimensionality),即维数提高时,空间的体积提高过快,因而可用数据变得非常稀疏。为获得统计学上正确并且可靠的结果,用于支撑结果所需的数据量通常需要随着维数的提高而呈指数级增长。但实际可用于分析的样本总是相当有限的,这样过于稀疏的样本很可能会导致分析结果不具备统计意义。

为解决文档向量维数过高的问题,一种方式是采用对高维数据仍具有良好特性的数据分析方法,另外一种方式则是直接对原始数据进行降维。而对于基于词频的文档向量,降维的关键即是筛选对于自然语言分析任务具有代表性的词汇而非文档中出现的所有词汇作为文档特征。

针对文本分类任务,常用的特征词筛选的方法包括停用词过滤、词性过滤及 χ^2 检验等。其中停用词过滤为依据停用词表过滤掉对文本内容无意义的词汇,如各种虚词等。词性过滤则是通过对文本进行词性标注(Part-Of-Speech tagging,POS)后,依据分类任务的性质,过滤掉对分类无帮助的词性的词汇,如对内容的分类任务一般可过滤掉除名词和动词以外的所有词汇,而感情色彩分类则还需要考虑形容词副词等。χ^2 检验则是利用 Pearson 卡方检验(Pearson's chi-squared test)判断训练语料中每个词汇的频度是否与类别相关,取各个类别中 χ^2 统计值最高的指定数量的词汇作为类别的特征词汇,构成文档的特征集。

利用 χ^2 检验进行文本分类任务的词汇特征降维的过程如下。

(1)选取任一待检的词汇 W_k。

(2)针对词汇 W_k,建立针对文本词汇与类别的列联表(Contingency Table)(见表 5-2)。表中 $f_{k,i}$ 代表类别 C_i 中包含词汇 W_k 的文档的数量,$\overline{f_{k,i}}$ 代表则类别 C_i 中不包含词汇 W_k 的文档的数量。

表 5-2　基于卡方检验的特征降维

类别/词汇	W_k	$\overline{W_k}$
C_1	$f_{k,1}$	$\overline{f_{k,1}}$
C_2	$f_{k,2}$	$\overline{f_{k,2}}$
...	...	...
C_r	$f_{k,r}$	$\overline{f_{k,r}}$

(3)对该 $r\times2$ 的列联表,计算在独立事件假设下每个字段的期望次数。

其中 $E_{k,i}$ 代表词汇 W_k 属于类别 C_i 的数学期望,计算公式为

$$E_{k,i}=\frac{(f_{k,i}+\overline{f_{k,i}})\times(\sum_{n_C=1}^{r}f_{k,n_C})}{N}$$

而 $\overline{E}_{k,i}$ 代表词汇 W_k 不属于类别 C_i 的数学期望，其计算公式为

$$\overline{E}_{k,i} = \frac{(f_{k,i} + \overline{f_{k,i}}) \times (\sum_{n_C=1}^{r} \overline{f_{k,n_C}})}{N}$$

（4）计算词汇 W_k 的 χ^2 统计值 χ_k^2，则有

$$\chi_k^2 = \sum_{i=1}^{r} \left(\frac{(f_{k,i} - E_{k,i})^2}{E_{k,i}} + \frac{(\overline{f_{k,i}} - \overline{E_{k,i}})^2}{\overline{E_{k,i}}} \right)$$

（5）计算自由度，则有

$$df = (r-1)(2-1) = r-1$$

（6）依据 χ^2 累计分布公式，若

$$p_{CDF} = F_{r-1}(\chi_k^2) \frac{\gamma\left(\frac{\gamma-1}{2}, \frac{\chi_k^2}{2}\right)}{\Gamma\left(\frac{\gamma-1}{2}\right)} < p_0$$

则由 p_0 概率可以认为该词汇与类别判定相互独立，即不相关。因此可过滤该词汇。

在工程实现中，一般直接比较 χ_k^2 的值在指定的置信度（如 95%，即 $p=0.05$ 等）下是否小于 $r-1$ 自由度下的 χ^2 值即可。

（7）遍历所有词汇，选取相关词汇中相关概率最大的 C 个词汇，作为表征文档的 C 个特征。

需要指出的是，上述基于 χ^2 检验进行特征词汇选取的过程仅适用于不存在类别重叠的情景。即任一文档属于且仅属于一个类别。在文档可能属于多个类别的情况下，可针对每一个类别，分析对该类别最具有代表性的词汇，然后对各个类别的代表词汇进行合并，取得针对整个训练集的特征词汇。

5.1.1.3 基于词频的向量模型的局限

通过综合利用以上几种降维方法，可以有效地限制文档特征词汇数量，从而降低文档向量维度，提高分类器的效能。

以过滤特征词汇为手段的降维方式，仍然无法有效处理在文本中大量存在的近义词等语义关联问题。由于维度数量的限制，在实际自然语言处理任务中，仅能选取数百到上千个词汇。而人类语言的丰富性，往往无法用区区几百个词汇表达。因此，需要超越词汇本身，寻求比词汇这种原始特征更为具有代表性的特征。

5.1.2 基于 Word2Vec 的文档向量模型

5.1.2.1 Word2Vec 模型

Word2Vec 是谷歌开发的一组用于产生词嵌入（Word Embedding）的模型，可以在捕捉语境信息的同时压缩数据规模。Word2Vec 包含两种不同类型的方法：Continuous Bag of Words（CBOW）和 Skip-gram（见图 5-1）。其中 CBOW 的目标是根据上下文预测当前词语的概率 $p(w|context)$，Skip-gram 则是根据当前次预测上下文的概率 $p(context|w)$。这两种方法都利用人工神经网络（浅层或双层）作为它们分类的算法，通过训练可获取每个单词在 K 维空间中映射的最优向量，从而将文本内容的处理简化为 K 维向量空间中的运算。

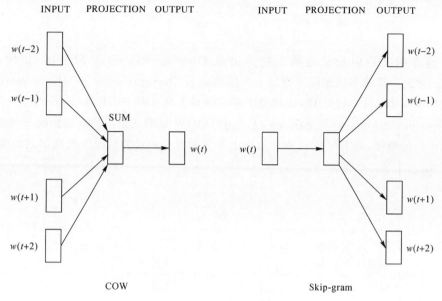

图 5-1　Word2Vec 模型

经过训练后的词向量已经可以捕捉到上下文的信息,向量空间上的相似度可以用来表示文本语义上的相似度。例如,在谷歌依据维基百科训练出的词汇向量中,可以通过简单的加法组合运算(Additive Compositionality),得到诸如

$$\text{vector('Paris')} - \text{vector('France')} + \text{vector('Italy')} \approx \text{vector('Rome')}$$

$$\text{vector('king')} - \text{vector('man')} + \text{vector('woman')} \approx \text{vector('queen')}$$

的结果。并且,这种语义关系的获得并没有利用 WordNet 等人工先验知识,而是采用 huffman 编码等纯统计手段,从而避免了人工构建的难度与工作量。而 Word2Vec 本质上可以认为是一种词汇向量化中的分布表征(Distributed Representation)方法。

5.1.2.2　Doc2Vec 模型

在获取了每个词汇的最优向量表示后,接下来要解决的是如何依据词汇向量表征文档的特征。

一种最为简单的解决思路是将文档的词汇向量直接求和并求均值,即

$$\boldsymbol{v}_d = \frac{1}{\sum\limits_{w_i \in d} \text{tf}_{wi}} \sum_{w_i \in d} \text{tf}_{w_i} \boldsymbol{v}_{w_i}$$

式中,tf_{w_i} 为词汇 w_i 在文档中出现的频度,$\boldsymbol{v}_{w_i}$ 为表征词汇 w_i 向量,$\boldsymbol{v}_d$ 为表征文档 d 的向量。这种文档向量的构造仅需应用到文档内部出现词汇及这些词汇在文档内部出现的频次。

若需要对一个语料库中的文档进行向量化,一种方法是参考 tf.idf 的设计思路,采用 tf.idf 系数代替词频 f_{w_i},即

$$\boldsymbol{v}_d = \sum_{w_i \in d} \eta(w_i, d) \boldsymbol{v}_{w_i}$$

式中,$\eta(w_i, d)$ 为词汇 w_i 对文档 d 的 tf.idf 系数,有

$$\eta(w_i,d) = \begin{cases} [1 + \log(\mathrm{tf}_{w_i})] \times \log \dfrac{N}{\mathrm{df}_{w_i}}, \mathrm{tf}_{w_i} \geqslant 1 \\ 0, \mathrm{tf}_{w_i} = 0 \end{cases}$$

对语料库中文档向量化的第二种方法是 Quoc Le 和 Tomas Mikolov 提出的 Paragraph2Vec 方法。其基本思想除了增加一个段落向量(Paragraph Vector)外,与 Word2Vec 非常接近。与 Word2Vec 方法一样,该模型也存在两种方法:DBOW(Distributed Bag of Words) 和 DM(Distributed Memory)(见图 5-2),其中 DBOW 试图在给定段落的情况下预测段落中一组随机单词的概率,而 DM 则试图在给定上下文和段落向量的情况下预测单词的概率。

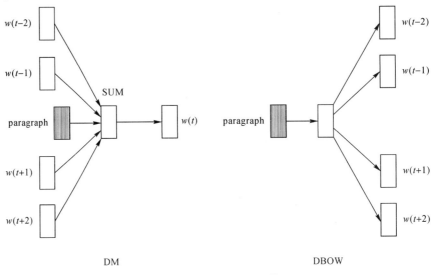

图 5-2 Paragraph2Vec 模型

需要指出的是,尽管 Paragraph2Vec 方法声称取得了较好的结果,但在学术界,对其实际效果争议较大。

5.1.2.3 Doc2Vec 文档向量的概率分布

随机抽取了 CNPC 语料库的文档向量中的部分维度分析其数值分布,分布直方图如图 5-3 所示。

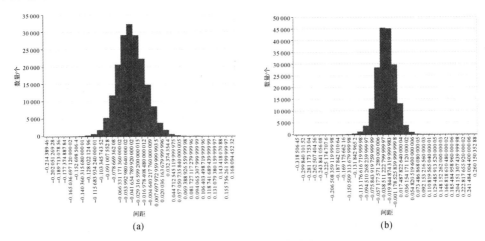

图 5-3 Doc2Vec 边缘分布

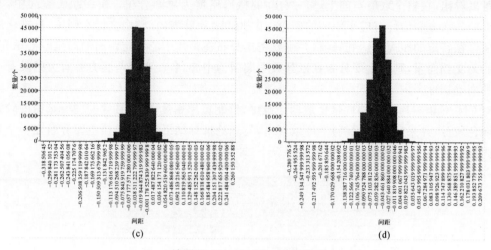

续图 5 - 3　Doc2Vec 边缘分布

可以看出,在 CNPC 语料库中,在文档向量的各个维度上,边缘分布的概率密度均为大致对称的单峰分布。对 Fudan 语料库进行观察也发现了同样的现象。

这一点可以通过中心极限定理来进行解释,即大量相互独立的随机变量,其均值的分布以正态分布为极限。而从文档向量的定义,则有

$$v_d = \frac{1}{\sum\limits_{w_i \in d} \mathrm{tf}_{w_i}} \sum\limits_{w_i \in d} \mathrm{tf}_{w_i} \boldsymbol{v}_{w_i}$$

文档向量恰恰是文档中词汇向量的均值。故对于语料库中的文档,其文档向量的各个维度的一维边缘分布均可认为逼近正态分布(在此隐含假设文档向量在任一维度上均满足独立同分布条件),且根据林德伯格-列维定理,独立同分布条件且数学期望与方差有限条件下,随机变量序列的标准化和以标准正态分布为极限,即对于文档向量 v_d 的任一维度 v_i,记 $\xi_i = \dfrac{v_i - \mu_i}{\sigma_i}$,则

$$\lim_{n \to \infty} P(\xi_i \leqslant z) = \Phi(z)$$

由卡方分布定义,若 k 个随机变量 $\xi_1, \xi_2, \cdots, \xi_k$ 是相互独立且符合标准正态分布的随机变量,则随机变量的二次方和 $X = \sum\limits_{i=1}^{k} \xi_i^2$ 为服从自由度为 k 的卡方分布,即 $X \sim \chi^2(k)$,其理论概率分布密度 pdf 如图 5 - 4 所示(自由度设置为 400,即文档向量维度)。

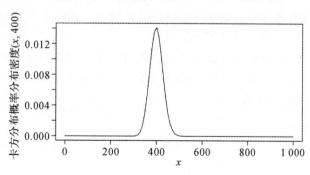

图 5 - 4　Doc2Vec 的理论分布

可以看出,在整个取值空间上,卡方分布的概率密度为单峰分布。而在欧氏空间中,不同维度上的二次方和恰好对应了距离的概念。因此也就意味着,在整个文档空间中,标准化后的文档向量在特定的距离上达到峰值,并主要密集分布在距离中心特定距离的高维空心球壳内。而原始的文档向量,则将主要分布在以其数学期望为中心,各个半径与其方差有关的具有一定厚度的高维椭球壳内。

对 CNPC 语料库的文档向量任取两个维度,绘制概率密度图,如图 5-5 所示(密度较大的区域颜色较深,并采用对数比例)。可以看出,与理论推导结果一致,文档主要分布在一个环状结构内。可想而知,在考虑所有维度的情况下,即为一个高维椭球壳。

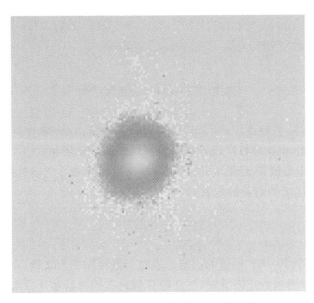

图 5-5 Doc2Vec 的实际分布(二维投影)

5.1.3 基于频繁子串挖掘的中文词汇发现

词汇是自然语言处理的基本单位。上述介绍了多种文档空间向量模型的建立方法,但它们都建立在词汇的正确识别划分的基础之上。但对于中文而言,由于不存在词汇分隔符,所以分词本身就成为中文自然语言处理的基础任务之一。

目前,已有大量较为成熟的中文分词方法,但这些中文分词方法大多数情况下仍需要一个较为优质的词典,或词典可对分词效果有明显提升。但在当前情况下,大量专有名词、新造词等层出不穷,为人工词典的建立造成了严重困难。

从词汇的构成上来看,词汇可以认为是具有确定语义的字符的固定组合,那么,将语料视为字符的序列,从这些序列中挖掘频繁出现的子串,就有可能构建出词典。下面讨论如何利用频繁序列挖掘的方法进行词典构建。

5.1.3.1 相关定义

设字符串 $\alpha = \langle \alpha_1, \alpha_2, \cdots, \alpha_M \rangle$,$\beta = \langle \beta_1, \beta_2, \cdots, \beta_N \rangle$,若存在整数 k,使得对任意整数 $i \in [1, N]$,均有 $\beta_{k+i} = \alpha_i$,则称 α 是 β 的子串,又称字符串 β 包含 α,记为 $\beta \supseteq \alpha$;若 $\beta \supseteq \alpha$ 且 $\beta \neq \alpha$,则称 α

是 β 的真子串,记为 $\beta \sqsupseteq \alpha$。满足条件的整数 k 的个数,称为 β 对 α 的匹配数,记为 $\mathrm{match}(\beta,\alpha)$。

字符串 α 在字符串集合 $S=\{s_1,s_2,\cdots,s_k\}$ 中的支持度定义为 S 中各个字符串对 α 的匹配数的累加和,记为 $\mathrm{support}(\alpha)$。给定阈值 ζ,若 α 在 S 中的支持度不小于 ξ,则称 α 是 S 中的频繁子串。

若对任意的字符串 $\gamma \sqsupseteq \alpha$,均有 $\mathrm{support}(\gamma)<\mathrm{support}(\alpha)$,则称 α 是 S 中的频繁闭子串。

设字符串 $\gamma=<\gamma_1,\gamma_2,\cdots,\gamma_N>$,字符串 $\alpha<\alpha_1,\alpha_2,\cdots,\alpha_M>\in C$。若存在一个整数 k,使得对任意整数 $i\in[1,N]$,均有 $\gamma_{k+i}=\alpha_i$,且对任意的整数 $x\in[0,k)$,$y\in[1,M-N-k]$,字符串 $e=<\gamma_{k-x},\gamma_{k-x+1},\cdots,\gamma_k,\gamma_{k+1},\gamma_{k+2},\cdots,\gamma_{k+N},\gamma_{k+N+1},\cdots,\gamma_{k+N+y}>$ 均满足 $e\notin C$,则称 α 是 γ 在 C 限制下的独立子串。满足条件的整数 k 的个数,称为 γ 对 α 在 C 限制下的独立匹配数。

给定阈值 ξ,设集合 F 是字符串集合 S 中所有长度不大于 L 的频繁子串字符串构成的集合,α 在字符串集合 $S=\{s_1,s_2,\cdots,s_k\}$ 中的独立支持度定义为 S 中各个字符串对 α 在 F 限制下的独立匹配数的累加和,记为 $\mathrm{isupport}(\alpha)$。若 α 在 S 中的独立支持度不小于 ξ,则称 α 是 S 中的长度限制为 L、阈值为 ξ 的频繁独立子串。

结合例子对上述概念进行解释。设

$s_1=$"中国人很友好";

$s_2=$"中国人非常多";

$s_3=$"中国地大物博";

$s_4=$"我是中国人我爱中国";

$x=$"中国"。

其中子串的概念即为字符串包含的概念,例如,$s_1 \sqsupseteq x$,$s_1 \not\sqsubseteq s_2$ 等。而匹配数即为字符串中出现子串的数量,例如,$\mathrm{match}(s_1,x)=1$,而 $\mathrm{match}(s_4,x)=2$。

对集合 $S=\{s_1,s_2,s_3,s_4\}$ 设置阈值 $\xi=3$,则频繁子串及其支持度为{"中国":5,"国人":3,"中国人":3}。

事实上观察各个字符串,可以发现,凡是出现"国人"的地方,实际上出现的是"中国人"这个子串,而由于"国人"是"中国人"的子串,所以导致"国人"的支持度一定不小于"中国人"。正是为了解决这一问题,提出了频繁闭子串的概念,从而可以根据 $\mathrm{support}$(国人)$=\mathrm{support}$(中国人),过滤掉"国人"这个字符组合。因此,频繁闭子串及其支持度为{"中国":5,"中国人":3}。可以看出,相对频繁序列来说,频繁闭子串在不损失信息的情况下提取出的词汇更为精炼、准确。

我们发现,在出现"中国"的 5 处位置,事实上只有 2 处是单独出现的"中国",剩下 3 处均作为"中国人"的一部分出现。换言之,闭频繁子串仅能筛选部分完全包含的情况,但对部分包含的情况无法处理,且支持度这一概念无法真正代表子串在文本中的出现情况。因此,下面引入了独立支持度以及频繁独立子串的概念。

按照定义,各个频繁子串的独立支持度为{"中国":2,"国人":0,"中国人":3}。显然,依据独立支持度筛选出的频繁独立子串更加精简,其独立支持度也更能真实地表现子串出现的情况。因此,下面采用频繁独立子串挖掘的方法进行词典生成。

5.1.3.2　独立支持度计算方法

频繁独立子串的挖掘需要计算字符串的独立支持度,本节讨论计算独立支持度的方法。

记 F_{w_i} 为词汇 w_i 出现的频次(支持度),记 f_{w_i} 为词汇 w_i 独立出现的频次(独立支持度)。显然,对任一词汇 w_i,有

$$\sum_{w \text{ contains } w_i} f_w = F_{w_i}$$

记

$$\zeta(i,j) = \begin{cases} 1, & w_j \supseteq w_i \\ 0, & w_j \not\supseteq w_i \end{cases}$$

对所有析取出的 N 个词汇构造一个 $N \times N$ 的 $0-1$ 矩阵,即

$$A = \begin{bmatrix} \zeta(1,1) & \cdots & \zeta(1,N) \\ \vdots & & \vdots \\ \zeta(N,1) & \cdots & \zeta(N,N) \end{bmatrix}$$

记

$$f = \begin{bmatrix} f_{w_1} \\ \vdots \\ f_{w_N} \end{bmatrix}, \quad F = \begin{bmatrix} f_{w_1} \\ \vdots \\ f_{w_N} \end{bmatrix}$$

则有

$$Af = F$$

因此,各个词汇的独立支持度为

$$f = A^{-1} F$$

由于矩阵 A 的阶数一般非常高,为快速求解,一般不直接采用矩阵求逆的方法,而是首先对词汇按照字符串长度从小到大排序,即在保证任意的 $i < j$ 均满足 $\text{length}(w_i) \leqslant \text{length}(w_j)$ 的情况下,那么对于排序后对应的矩阵 A,显然有

$$i < j \Rightarrow \zeta(i,j) = 0$$

即矩阵 A 为上三角矩阵。针对上三角矩阵,可采用带入法,大幅度降低求解时间复杂度。

那么,依据频繁独立子串的定义,只要找到频繁子串及其支持度,并获得频繁子串之间的包含关系,即可得到上三角矩阵 A。下面讨论频繁子串的支持度及包含关系的计算方法。

其中,频繁子串的支持度可以通过对 $N-\text{GRAM}$ 过程中生成的字符串计数来获得。例如,对字符串 $s_1 = \text{ABABCAA}$ 取最大长度 $L = 4$,即 $N-\text{GRAM}$ 分别取 $N = \{1,2,3,4\}$,生成的子串如图 $5-6$ 所示。

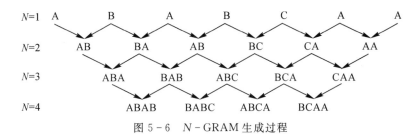

图 $5-6$ $N-\text{GRAM}$ 生成过程

对相同的子串进行合并计数,并记录子串之间的生成关系,可以得到一个有向图无环图(DAG),被称为 $N-\text{GRAM}$ 关联图。如图 $5-7$ 所示。

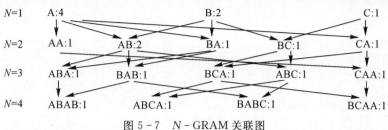

图 5-7　N-GRAM 关联图

该有向无环图最重要的性质是：对于任一子串，包含它的其他子串均位于以该节点为祖先的子孙节点上。例如，针对子串 AB，包含 AB 的其他子串均是它的子孙节点，N-GRAM 子串关系如图 5-8 所示。

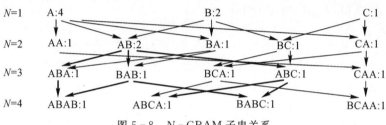

图 5-8　N-GRAM 子串关系

那么，只要在对所有字符串进行 N-GRAM 划分的时候，将划分过程记录在一个针对所有字符串的有向无环图结构中，即可通过遍历以该节点为起点的 DAG 获取包含该子串的所有其他子串。

该有向无环图具备的第二条性质是：对于任一节点，其子孙节点的支持度必然不大于该节点的支持度。在对所有字符串进行 N-GRAM 划分后，生成的有向无环图上各个节点对应的计数值，即是该字符串的支持度。根据定义，独立频繁子串是在频繁子串的基础上进行筛选，因此，需要将所有支持度小于指定阈值 ζ 的节点从图中删除。那么，在删除节点时，即可按照子串长度，从短到长进行筛选，当子串的支持度小于指定阈值时，按照该性质，即可移除该节点及其所有子孙节点。

N-GRAM 关联图的第三个性质是：若按照子串的长度将图分为从上到下 L 层，那么仅存在从上层指向下层的连边。那么，若从最下层开始，最下层节点的独立支持度即是它们的支持度，进而上层节点的独立支持度可通过其支持度减去下层相连节点独立支持度获得。事实上，这一过程正对应了上三角矩阵 A 代入求解的过程。

该算法的伪代码如下：

```
ALGORITHM iSupport

INPUT：
string set S＝{s₁,s₂,…,sₙ},sᵢ＝<sᵢ,₁,sᵢ,₂,…,sᵢ,ₘ>
support threshold ζ
OUTPUT：
    Independent frequent substring set F
```

PSEUDO CODE：

INIT EMPTY DAG G

FOR EACH s_i in S

    FOR $l=1$ to L

    FOR $j=1$ to $\|s_i\|-l$

        SET $x=<s_{i,j},s_{i,j+1},\cdots,s_{i,j+l}>$

        SET $p_1=<s_{i,j},s_{i,j+1},\cdots,s_{i,j+l-1}>$

        SET $p_2=<s_{i,j+1},s_{i,j+2},\cdots,s_{i,j+l}>$

        $G.$ ADD__VERTEX_IF_NOT_EXIST (x)

        $G.$ UPDATE_SUPPORT $(x,1)$

        $G.$ ADD_EDGE _IF_NOT_EXIST (p_1,x)

        $G.$ ADD_EDGE _IF_NOT_EXIST (p_2,x)

      END

    END

END

SET $X=G.$ GET_VERTICES $(\ )$, $X=\{x_1,x_2,\cdots,x_k\}$

SORT X BY $\|x_i\|$

FOR EACH x_i IN X

    IF $G.$ GET_SUPPORT $(x_i)<\xi$

      $G.$ REMOVE_ALL_CHILDREN (x_i)

      $G.$ REMOVE_VERTEX (x_i)

    END

END

FOR $l=L$ to 1

    FOR EACH x_i IN X ON $\|x_i\|=l$

      SET $Y=G.$ GET_ALL_CHILDREN (x_i)

    ISUPPORT$(x_i)=$SUPPORT$(x_i)-\sum\limits_{x_j\in Y}$ISUPPORT$(x_j)$

      IF ISUPPORT $(x_i)\geqslant\xi$

        $F.$ ADD(x_i)

      END

    END

END

RETURN F

在工程实现中，N-GRAM 关联图的构建、关联图基于支持度阈值的筛选及独立支持度的计算，均可采用并发，从而大幅度提高计算速度。

5.1.3.3 频繁子串的阈值选取

依据频繁独立子串的定义，是否属于频繁子串均是按照统一的阈值 ξ 进行划分的。但由于各个字符在语言中出现的概率不同，若按照统一的支持度阈值，很容易造成无意义的频繁字符组合入选，而低频字符组合落选。同时，字符串的长度越大，其出现的概率越低，因此，统一的支持度阈值也不利于长字符串的入选。

为解决这个问题,需要引入互信息(Mutual Information)检验。

在二元情况下,互信息定义为

$$I(X;Y) = \sum_{y \in Y} \sum_{x \in X} p(x,y) \text{lb} \left(\frac{p(x,y)}{p(x)p(y)} \right)$$

单位为 bit。

进一步扩展到多元,有

$$I(X_1;X_1) = H(X_1)$$

对于 $n>1$

$$I(X_1;X_2;\cdots;X_n) = I(X_1;X_2;\cdots;X_{n-1}) - I(X_1;X_2;\cdots;X_{n-1} \mid X_n)$$

其中

$$I(X_1;X_2;\cdots;X_{n-1} \mid X_n) = E_{X_n}(I(X_1;X_2;\cdots;X_{n-1}) \mid X_n)$$

显然,若 $I(X_1;X_2;\cdots;X_n)$ 趋近于 0,则字符组合更可能是随机组合而非固定搭配。

5.1.4　文档向量化的工程实现

在实际项目中,主要采用了 Word2Vec 实现文档的向量化。

为了保障词汇的丰富性以及词汇关系的准确性,笔者采用了中文维基百科的全站数据作为 Word2Vec 的训练数据。由于现有中文分词框架(如 IK 分词)等分词准确性与词表高度相关,笔者首先对维基百科的词条进行了筛选及对正文进行了新词发现,从而整理出了一份较为完备的用户词表,其次利用添加了用户词表的 IK 分词,对中文维基的文本部分进行了分词处理,最后对分词后的维基百科,利用谷歌提供的 Word2Vec 工具进行了训练,生成了各个词汇对应的向量(见图 5 - 9)。

在进行文本分析时,首先将所有词汇向量载入内存,其次通过同样配置的分词器对待处理文本进行分词,最后按照文档向量的计算公式对文档中词汇的向量进行加权平均,即可获得文档对应的向量。

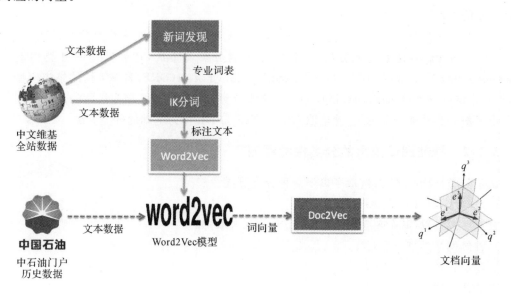

图 5 - 9　Doc2Vec 工程实现

5.2 基于 Word2Vec 的文本分类算法

5.2.1 常用分类算法

分类是机器学习与数据挖掘的基本任务。分类的基础算法包括贝叶斯分类器、Lazy Learning、决策树和支持向量机(SVM)等。

其中,贝叶斯分类器的分类原理是通过某对象的先验概率,利用贝叶斯公式计算出其后验概率,即该对象属于某一类的概率,选择具有最大后验概率的类作为该对象所属的类。目前研究较多的贝叶斯分类器主要有四种,分别是 Naive Bayes,TAN,BAN 和 GBN。

Lazy Learning 的方法在训练时仅仅保存样本集的信息,直到测试样本到达时才进行分类决策。也就是说这个决策模型是在测试样本到来以后才生成的。相对于其他分类算法来说,这类的分类算法可以根据每个测试样本的样本信息来学习模型,这样的学习模型可以更好地拟合局部的样本特性。kNN 算法的思路非常简单直观:如果一个样本在特征空间中的 k 个最相似(即特征空间中最邻近)的样本中的大多数属于某一个类别,则该样本也属于这个类别。其基本原理是在测试样本到达的时候寻找到测试样本的 k 临近的样本,然后选择这些邻居样本的类别最集中的一种作为测试样本的类别。

决策树方法先根据训练集数据形成决策树,如果该树不能对所有对象给出正确的分类,那么选择一些例外加入训练集数据中,重复该过程一直到形成正确的决策集。决策树代表着决策集的树形结构。决策树由决策结点、分支和叶子组成。决策树中最上面的结点为根结点,每个分支是一个新的决策结点,或者是树的叶子。每个决策结点代表一个问题或决策,通常对应于待分类对象的属性。每一个叶子结点代表一种可能的分类结果。沿决策树从上到下遍历的过程中,在每个结点都会遇到一个测试,对每个结点上问题的不同的测试输出导致不同的分支,最后会到达一个叶子结点,这个过程就是利用决策树进行分类的过程,利用若干个变量来判断所属的类别。

由于基础的分类算法往往分类性能有限,在此基础上,出现了很多模型集成的元算法,如 Boosting,Bagging 等模型集成方法,通过将多个弱分类器集成,达到更佳的分类性能。如 Gradient Boost Machine(GBM),Distributed Random Forest(DRF)是决策树的集成模型。此外,近年来深度学习(Deep Learning,DL)在文本分类方面也取得了极为迅猛的进展。

出于对分类性能的考虑,在此选取 GBM,DRF 与 DL 作为基础的分类算法。

5.2.2 标准测试集上的分类性能评测

出于分类性能的考虑,选取了以下 3 种分类算法。

(1)深度学习(Deep Learning,DL)。

算法参数设置(其余超参数通过 Grid Search 选取)如下:

1)神经网络类型:FFNN;

2)隐层:(400,200,100);

3)激活函数:Tanh;

4)代价函数:cross - entropy。

深度学习曲线如图 5 - 10 所示,深度学习性能见表 5 - 3。

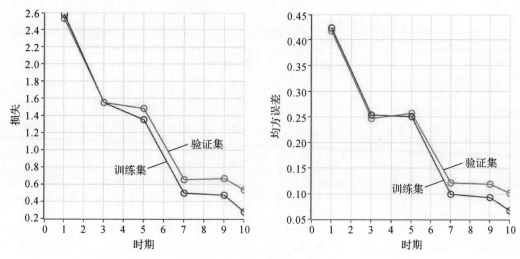

图 5 - 10　深度学习曲线

表 5 - 3　深度学习性能

目　录	深度学习			
	训练集		验证集	
	错误率	错分数量	错误率	错分数量
C11 - Space	0.089 1	57/640	0.155 8	100/642
C15 - Energy	0.187 5	6/32	0.606 1	20/33
C16 - Electronics	0.518 5	14/27	0.75	21/28
C17 - Communication	0.16	4/25	0.592 6	16/27
C19 - Computer	0.002 2	3/1 357	0.014 7	20/1 356
C23 - Mine	0	0/33	0.147 1	5/34
C29 - Transport	0	0/57	0.135 6	8/59
C3 - Art	0	0/740	0.008 1	6/741
C31 - Enviornment	0.004 1	5/1 217	0.027 1	33/1 218
C32 - Agriculture	0.038 2	39/1 021	0.059 7	61/1 021
C34 - Economy	0.116 3	186/1 600	0.156 3	250/1 599
C35 - Law	0.156 9	8/51	0.442 3	23/52

续 表

目 录	深度学习			
	训练集		验证集	
	错误率	错分数量	错误率	错分数量
C36 - Medical	0.039 2	2/51	0.415 1	22/53
C37 - Military	0.459 5	34/74	0.618 4	47/76
C38 - Politics	0.049 9	51/1 023	0.112 3	115/1 024
C39 - Sports	0.029 6	37/1 252	0.056 7	71/1 252
C4 - Literature	0.939 4	31/33	1	34/34
C5 - Education	0.796 6	47/59	0.918	56/61
C6 - Philosophy	0.5	22/44	0.866 7	39/45
C7 - History	0.494 6	229/463	0.682	148/217
Total	0.079 1	775/9 799	0.114 4	1 095/9 572

(2)分布式随机森林(Distributed Random Forest,DRF)。

算法参数设置(其余超参数通过 Grid Search 选取)如下:

1)树数量:50;

2)最大树深度:20。

分布式随机森林学习曲线如图 5-11 所示,分布式随机森林性能见表 5-4。

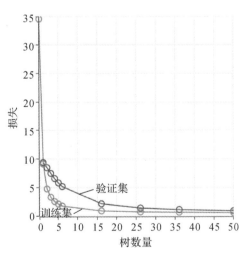

图 5-11 分布式随机森林学习曲线

表 5 - 4 分布式随机森林性能

目 录	分布式随机森林			
	训练集		验证集	
	错误率	错分数量	错误率	错分数量
C11 - Space	0.142 2	91/640	0.127 7	82/642
C15 - Energy	0.812 5	26/32	0.818 2	27/33
C16 - Electronics	0.888 9	24/27	0.964 3	27/28
C17 - Communication	0.96	24/25	0.666 7	18/27
C19 - Computer	0.029 5	40/1 357	0.031	42/1 356
C23 - Mine	0.878 8	29/33	0.705 9	24/34
C29 - Transport	0.403 5	23/57	0.423 7	25/59
C3 - Art	0.073	54/740	0.052 6	39/741
C31 - Enviornment	0.046 8	57/1 217	0.064	78/1 218
C32 - Agriculture	0.107 7	110/1 021	0.090 1	92/1 021
C34 - Economy	0.073 7	118/1 600	0.06	96/1 599
C35 - Law	0.686 3	35/51	0.557 7	29/52
C36 - Medical	0.509 8	26/51	0.603 8	32/53
C37 - Military	0.648 6	48/74	0.631 6	48/76
C38 - Politics	0.078 2	80/1 023	0.085	87/1 024
C39 - Sports	0.078 3	98/1 252	0.064 7	81/1 252
C4 - Literature	0.969 7	32/33	0.941 2	32/34
C5 - Education	0.864 4	51/59	0.918	56/61
C6 - Philosophy	0.772 7	34/44	0.755 6	34/45
C7 - History	0.451 4	209/463	0.424	92/217
Total	0.123 4	1 209/9 799	0.108 8	1 041/9 572

(3)梯度提升决策树(Gradient Boost Machine,GBM)。

算法参数设置(其余超参数通过 Grid Search 选取)如下:

1)树数量:50;

2)最大树深度:20;

3)学习率:0.1。

梯度提升决策树学习曲线如图 5 - 12 所示,梯度提升决策树性能见表 5 - 5。

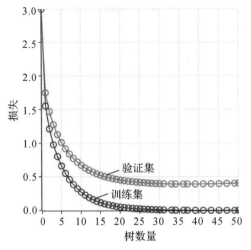

图 5 - 12 梯度提升决策树学习曲线

表 5 - 5 梯度提升决策树性能

目　　录	梯度提升决策树			
	训练集		验证集	
	错误率	错分数量	错误率	错分数量
C11 - Space	0	0/640	0.109	70/642
C15 - Energy	0	0/32	0.697	23/33
C16 - Electronics	0.037	1/27	0.857 1	24/28
C17 - Communication	0	0/25	0.629 6	17/27
C19 - Computer	0	0/1 357	0.025 1	34/1 356
C23 - Mine	0	0/33	0.588 2	20/34
C29 - Transport	0	0/57	0.322	19/59
C3 - Art	0	0/740	0.054	40/741
C31 - Enviorment	0	0/1 217	0.059 9	73/1 218
C32 - Agriculture	0	0/1 021	0.090 1	92/1 021
C34 - Economy	0	0/1 600	0.073 2	117/1 599
C35 - Law	0	0/51	0.538 5	28/52
C36 - Medical	0	0/51	0.528 3	28/53
C37 - Military	0	0/74	0.486 8	37/76
C38 - Politics	0.001	1/1 023	0.086 9	89/1 024
C39 - Sports	0	0/1 252	0.063 9	80/1 252
C4 - Literature	0	0/33	0.911 8	31/34

续　表

目　录	梯度提升决策树			
	训练集		验证集	
	错误率	错分数量	错误率	错分数量
C5 – Education	0	0/59	0.770 5	47/61
C6 – Philosophy	0	0/44	0.8	36/45
C7 – History	0	0/463	0.364 1	79/217
Total	0.000 2	2/9 799	0.102 8	984/9 572

从上述几种方法的分类结果可以看到分类器在验证集上精度均可达到接近 90%，且不存在显著差异。而在各个具体类别上，在超过 500 个以上训练样本的类别上分类器效果都较好，而只有几十个训练样本的类别表现较差。

5.3　非完全标注的文本分类训练

5.3.1　训练数据的非完全标注问题

上述基于 Word2Vec 方法，对文本进行了向量化，并通过深度学习、分布式随机森林和梯度提升决策树等分类方法在标准测试集上实现了较高精度的文本分类。但在工程实践中，碰到了新的问题。

工程项目的业务背景是某信息采编网站希望为编辑自动提供符合其栏目的文章，因此，提供了其网站的所有历史文章及所属栏目作为训练数据，共计包含 288 个栏目，23 万余篇文章（之后被称为 CNPC 语料库）。对这些文章采用了之前介绍的分类方法（这里采用的是之前分类精度最高的 GBM 方法），但是分类精度非常低下，如图 5 - 13 所示。

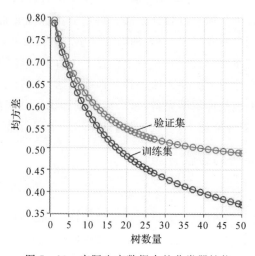

图 5 - 13　实际生产数据中的分类器性能

可以看到,训练集上的分类精度低于65%,而验证集上更下降到了不足50%。那么,究竟是什么原因导致在标准测试集上性能良好的分类算法在实际数据中性能如此低下?

图5-14所示分析了分类器在训练集上的融合矩阵(Fusion Matrix)。

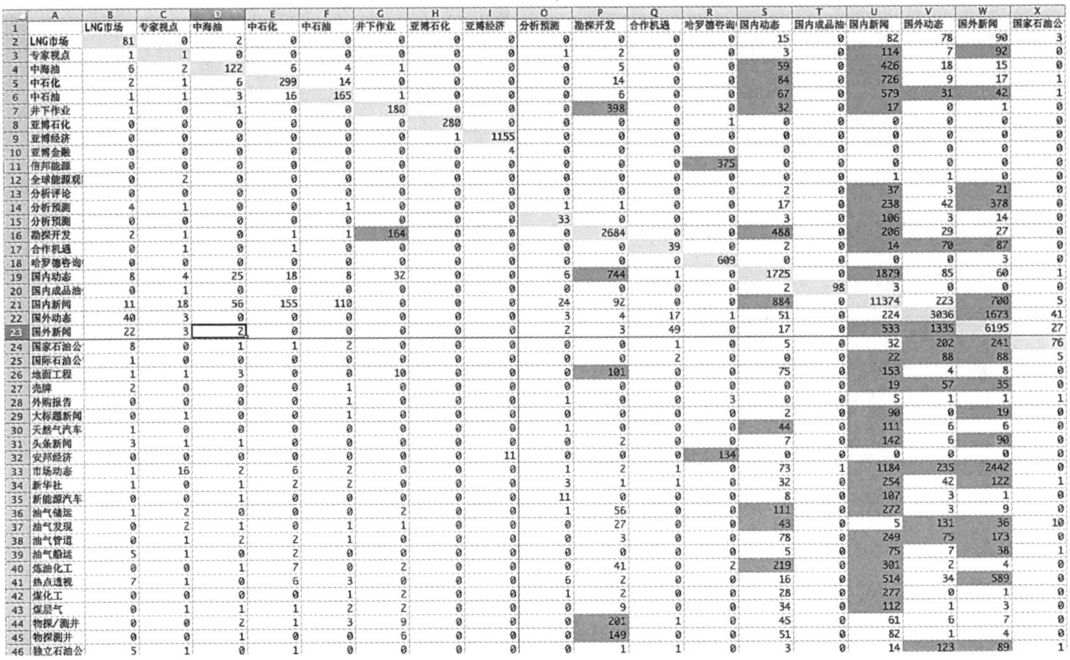

	A	B	C	D	E	F	G	H	I	O	P	Q	R	S	T	U	V	W	X
1		LNG市场	专家视点	中海油	中石化	中石油	井下作业	亚博石化	亚博经济	分析预测	勘探开发	合作机遇	哈罗德咨询	国内动态	国内成品油	国内新闻	国外动态	国外新闻	国家石油公
2	LNG市场	81	0	2	0	0	0	0	0	0	0	0	0	15	0	82	78	90	3
3	专家视点	1	1	0	0	0	0	0	0	1	2	0	0	3	0	114	7	92	0
4	中海油	6	2	122	6	4	1	0	0	0	5	0	0	59	0	426	18	15	0
5	中石化	2	1	6	299	14	0	0	0	0	14	0	0	84	0	726	9	17	1
6	中石油	1	1	3	16	165	1	0	0	0	6	0	0	67	0	579	31	42	1
7	井下作业	1	0	1	0	0	180	0	0	0	398	0	0	32	0	17	0	1	0
8	亚博石化	0	0	0	0	0	0	280	0	0	0	0	1	0	0	0	0	0	0
9	亚博经济	0	0	0	0	0	0	1	1155	0	0	0	0	0	0	0	0	0	0
10	亚博金融	0	0	0	0	0	0	0	4	0	0	0	0	0	0	0	0	0	0
11	信邦能源	0	0	0	0	0	0	0	0	0	0	0	375	0	0	0	0	0	0
12	全球能源观	0	2	0	0	0	0	0	0	0	0	0	0	0	0	1	1	0	0
13	分析评论	0	0	0	0	0	0	0	0	0	0	0	0	2	0	37	3	21	0
14	分析预测	4	1	0	0	1	0	0	0	1	1	0	0	17	0	238	42	378	0
15	分析预测	0	0	0	0	0	0	0	0	33	0	0	0	3	0	106	3	14	0
16	勘探开发	2	1	0	1	1	164	0	0	0	2684	0	0	488	0	206	29	27	0
17	合作机遇	0	1	0	1	0	0	0	0	0	0	39	0	2	0	14	70	87	0
18	哈罗德咨询	0	0	0	0	0	0	0	0	0	0	0	609	0	0	0	0	3	0
19	国内动态	8	4	25	18	8	32	0	0	6	744	1	0	1725	0	1879	85	60	1
20	国内成品油	0	1	0	0	0	0	0	0	0	0	0	0	2	98	3	0	0	0
21	国内新闻	11	18	56	155	110	0	0	0	24	92	0	0	884	0	11374	223	700	5
22	国外动态	40	3	0	0	0	0	0	0	3	4	17	1	51	0	224	3036	1673	41
23	国外新闻	22	3	2	0	0	0	0	0	2	3	49	0	17	0	533	1335	6195	27
24	国家石油公	8	0	1	1	2	0	0	0	0	0	1	0	5	0	32	202	241	76
25	国际石油公	1	0	0	0	0	0	0	0	0	0	2	0	0	0	22	88	88	5
26	地面工程	1	1	3	0	0	10	0	0	0	101	0	0	75	0	153	4	8	0
27	壳牌	2	0	0	0	1	0	0	0	0	0	0	0	0	0	19	57	35	0
28	外购报告	0	0	0	0	1	0	0	0	1	0	0	3	0	0	5	1	1	1
29	大标题新闻	0	1	0	0	1	0	0	0	0	0	0	0	2	0	90	0	19	0
30	天然气汽车	1	0	0	0	0	0	0	0	1	0	0	0	44	0	111	6	6	0
31	头条新闻	3	1	1	0	0	0	0	0	0	2	0	0	7	0	142	6	90	0
32	安邦经济	0	0	0	0	0	0	0	11	0	0	0	134	0	0	0	0	0	0
33	市场动态	1	16	2	6	2	0	0	0	1	2	1	0	73	1	1184	235	2442	0
34	新华社	1	0	1	2	2	0	0	0	3	1	1	0	32	0	254	42	122	1
35	新能源汽车	0	0	1	0	0	0	0	0	11	0	0	0	8	0	107	3	1	0
36	油气储运	1	2	0	0	0	2	0	0	1	56	0	0	111	0	272	3	9	0
37	油气发现	0	2	1	0	1	1	0	0	0	27	0	0	43	0	5	131	36	10
38	油气管道	0	1	2	2	1	0	0	0	0	3	0	0	78	0	249	75	173	0
39	油气船运	5	1	0	2	0	0	0	0	0	0	0	0	5	0	75	7	38	1
40	炼油化工	0	0	1	7	0	2	0	0	0	41	0	2	219	0	301	2	4	0
41	热点透视	7	1	0	6	3	0	0	0	6	2	0	0	16	0	514	34	589	0
42	煤化工	0	0	0	0	1	2	0	0	1	2	0	0	28	0	277	0	1	0
43	煤层气	0	1	1	1	2	2	0	0	0	9	0	0	34	0	112	1	3	0
44	物探/测井	0	0	2	1	3	9	0	0	0	201	1	0	45	0	61	6	7	0
45	物探测井	0	0	1	0	0	6	0	0	0	149	0	0	51	0	82	1	4	0
46	独立石油公	5	1	0	1	0	0	0	0	0	1	1	0	3	0	14	123	89	1

图5-14　实际生产数据分类的融合矩阵

图中浅色单元(对角线元素)为正确分类的文档计数,深色单元为错分较多的文档计数。可以看到,在某些类别上误分率非常高。那么也就意味着,在当前分类体系下,分类器无法有效地识别出这些类别与其他类别的边界。甚至这些类别本身就是与其他类别重合的。

进一步从类别名称,也就是原始数据中的栏目名称来分析这一现象。类别名称中既包括“中石油”“中石化”等以关注对象为分类基准的类别,又包括“国内新闻”“国外新闻”等以事件地点为基准的类别,以及各种其他栏目划分方法。可见分类标准非常不统一。而在不统一的分类标准下,一篇文档完全可能既属于“中石油”,又属于“国内新闻”,但是在信息采编中,出于避免重复的原因,编辑最终将文章仅划归在一个栏目下。由于分类逻辑上的不统一,以及文章内容本质上的多样性,最终导致分类器无法得到与训练数据一致的分类。

换言之,由于样本数据类别标示不完备,每个样本仅标识了其实际所属分类中的一个,导致机器学习训练出的分类器性能低下,这就是我们提出的“非完全标注”问题。

5.3.2　基于遗传算法的最优分组

5.3.2.1　最优类别分组

在分析了分类性能低下的原因后,就可以寻求解决这一问题的方法:既然分类器性能低下的原因在于样本分类体系不满足互斥原则,那是否能将原来的分类体系拆分成多个分类体系,使得每个分类体系下的类别是互斥的呢?在每个拆分出的分类体系下对数据进行训练,就可以得到精度较高的分类器。而多个分类器并联,分别输出样本对应的类别,就可以得到样本实际所属的所有类别(见图 5-15)。

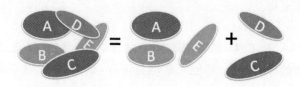

图 5-15 最优类别分组

那么,问题就转化为如何将原始分类拆分为多个分类体系的最优组合。所谓"最优",是指将原始分类拆分成相互独立的多个分类体系的组合,使得在每个分类体系中,该体系内包含类别的训练样本通过指定的分类器误分数量之和最小。

按照一般监督学习的定义,给定包含 N 个训练样本的训练集 $\{(x_1,y_1),\cdots,(x_N,y_N)\}$,其中 x_i 是第 i 个样本的特征向量,y_i 是第 i 个样本的类别序号,$y_i \in \{1,2,\cdots,M\}$,分类学习算法就是在假设空间(Hypothesis Space)中寻找一个函数 $g:X \to Y$,其中 X 是输入空间,Y 是输出空间,使得对于一个指定的评分函数(Scoring Function)$f:X \times Y \to \mathbf{R}$,函数 g 可以返回使得评分函数取值最大的 y,即 $g(x) = \arg\max_y f(x,y)$。

为了表征函数与训练集的拟合程度,一般均会定义一个损失函数(Loss Function)$L:X \times Y \to \mathbf{R}^{\geq 0}$,而风险函数(Risk Function)则定义为损失函数的期望值,该期望值可通过训练样本进行估计,即 $R_{\text{emp}}(g) = \dfrac{1}{N} \sum_i L(y_i, g(x_i))$。此外,为了防止过拟合,在训练时还会引入正则化惩罚因子(Regularization Penalty)及先验分布 $C(g)$,常见的选择包括 L_1 范数、L_2 范数等。因此,分类学习算法即是在假设空间中寻找一个函数 g 使得结构化风险 $J(g) = R_{\text{emp}}(g) + \lambda C(g)$ 最小。

而在"非完全标注"问题中,则是要寻找一个输出空间(分类标签)的 K 划分 $Y = \bigcup_{i=1}^{K} Y_i$,使得对任意的 $\alpha \neq \beta$ 均有 $Y_\alpha \cap Y_\beta = \varnothing$,且通过给定的监督学习算法生成 K 个映射 $g_i:X \to Y_i$,$i=1 \sim K$,使得 $\sum_{i=1}^{K} J(g_i)$ 最小。

一般而言,机器学习训练过程的时间复杂度较高,若在优化的每一个迭代过程中均需要对训练后的结构化风险 $J(g_i)$ 进行计算,则计算事件复杂度往往会增大到不可接受的程度。那么,是否能够采用其他方式快速估计风险函数呢?

现在回顾分类训练后得到的融合矩阵,由于融合矩阵表征了经过特定的监督学习算法后样本标注类别与训练出的分类器预测的类别之间的差异,所以,可以直接采用训练数据的融合矩阵作为最优化分组的依据。

在分类问题中,希望对于整个训练集,错分类的样本数量占所有样本数量的比例尽可能小。那么在分组后,设置实际优化目标如下:设融合矩阵 $\boldsymbol{S}_{N \times N} = [s_{i,j}]_{N \times N}$,矩阵中元素 $s_{i,j}$ 为标注为第 y_i 类但经过给定分类算法预测为第 y_j 类的训练样本数量。那么,最优分组是寻找

一个类别集合 Y 的 K 划分 $Y = \bigcup_{i=1}^{K} Y_i$ 且 $Y_\alpha \bigcap Y_\beta = \varnothing$，使得误分率 $ER = \dfrac{W}{R+W} =$

$$\dfrac{\sum\limits_{i=1, j \in Y_i, i \neq j}^{K} s_{i,j}}{\sum\limits_{i=1}^{N} s_{i,j} + \sum\limits_{i=1, j \in Y_i, i \neq j}^{K} s_{i,j}}$$ 最小化。

例如,图 5-16 为 A、B、C、D、E 五个类别的融合矩阵,显然,仅有对角线上的元素 $s_{1,1}$,$s_{2,2}, \cdots, s_{5,5}$ 为正确分类的样本数量,其他元素均为误分,那么,整个样本集在该分类器下的误分率为

$$ER = \frac{\sum\limits_{i,j \in (1, \cdots, 5), i \neq j} s_{i,j}}{\sum\limits_{i,j \in (1, \cdots, 5)} s_{i,j}} = \frac{\sum\limits_{i,j \in (1, \cdots, 5), i \neq j} s_{i,j}}{\sum\limits_{i \in (1, \cdots, 5)} s_{i,j} + \sum\limits_{i,j \in (1, \cdots, 5), i \neq j} s_{i,j}}$$

	A	B	C	D	E
A	$s_{1,1}$	$s_{1,2}$	$s_{1,3}$	$s_{1,4}$	$s_{1,5}$
B	$s_{2,1}$	$s_{2,2}$	$s_{2,3}$	$s_{2,4}$	$s_{2,5}$
C	$s_{3,1}$	$s_{3,2}$	$s_{3,3}$	$s_{3,4}$	$s_{3,5}$
D	$s_{4,1}$	$s_{4,2}$	$s_{4,3}$	$s_{4,4}$	$s_{4,5}$
E	$s_{5,1}$	$s_{5,2}$	$s_{5,3}$	$s_{5,4}$	$s_{5,5}$

=

	A	B	C	D	E
A	$s_{1,1}$	$s_{1,3}$	$s_{1,2}$	$s_{1,4}$	$s_{1,5}$
B	$s_{3,1}$	$s_{3,3}$	$s_{3,2}$	$s_{3,4}$	$s_{3,5}$
C	$s_{2,1}$	$s_{2,3}$	$s_{2,2}$	$s_{2,4}$	$s_{2,5}$
D	$s_{4,1}$	$s_{4,3}$	$s_{4,2}$	$s_{4,4}$	$s_{4,5}$
E	$s_{5,1}$	$s_{5,3}$	$s_{5,2}$	$s_{5,4}$	$s_{5,5}$

图 5-16　分组优化目标

若将所有类别做一个 2-划分,例如,{A,C} 划分为一组,{B,D,E} 划分为一组,那么,在 {A,C} 组内,$s_{1,1} + s_{3,3}$ 仍为正确划分的样本数量,而错误划分的样本数量为 $s_{1,3} + s_{3,1}$。同样,在 {B,D,E} 组内,$s_{2,2} + s_{4,4} + s_{5,5}$ 为正确划分的样本数量,$s_{2,4} + s_{2,5} + s_{4,2} + s_{4,4} + s_{5,2} + s_{5,4}$ 则是错误划分的样本数量。那么,在这种划分下,样本的误分率为

$$ER = \frac{(s_{1,3}+s_{3,1}) + (s_{2,4}+s_{2,5}+s_{4,2}+s_{4,4}+s_{5,2}+s_{5,4})}{((s_{1,1}+s_{3,3}) + (s_{2,2}+s_{4,4}+s_{5,5})) + ((s_{1,3}+s_{3,1}) + (s_{2,4}+s_{2,5}+s_{4,2}+s_{4,4}+s_{5,2}+s_{5,4}))}$$

而优化目标则是找到一个最优的划分,使得误分率达到最小。

5.3.2.2　遗传算法

在明确最优化目标后,下面来寻求如何对这一优化过程进行计算。首先,需要评估的是解空间的大小。在确定分组数量 K 的前提下,将 N 个元素分为 K 组,每组至少包括一个元素,其组合数量为第二类 Stirling 数 $S(N,K)$,其递推计算公式为

$$\begin{cases} S(N,K) = S(N-1, K-1) + K S(N-1, K) \\ S(N,1) = 1 \\ S(N,N) = 1 \end{cases}$$

以 50 个类别分为 3 组为例:

$S(50,3) = 4\,081\,990\,278\,659\,592\,354$

显然,不可能通过穷举遍历的方式进行。因此,需要采用一定的优化算法。

在最优化方法中,遗传算法是一类借鉴了进化生物学中一些现象发展出来的最优化方法,是进化算法的一种(见图 5-17)。在遗传算法中,优化问题的解被称为个体,表示为变量序列,一般称其为染色体(Chrome)。染色体一般表达为简单的字符串或数字串,这一过程称为编码。算法在起始时随机生成一定数量的个体,在每一代中,每一个个体都被评价,并通过计

算适应度函数得到一个适应度数值。随后,按照一定的选择策略(一般而言适应度越高被选中的概率越高),选择一定量的个体进入繁殖阶段。繁殖阶段一般包括交叉(Crossover)与变异(Mutation)两个算子。其中交叉是指在一定的交叉概率(一般范围是 0.6～1)下,两个被选中的个体的染色体在交配点互换,生成两个新的染色体代替原有个体。而变异是指按照一定的变异概率(通常小于 0.1)在随机位置改变原有染色体。通过多次迭代,新产生的个体一代代向增加适应度的方向发展,直至得到满足条件的解。

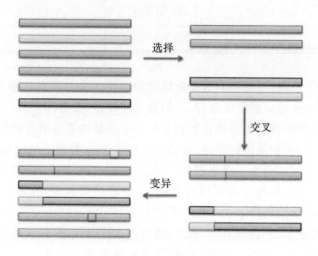

图 5-17　遗传算法

在最优分组问题中,设置遗传算法相关要素如下。

(1)融合矩阵,采用 GBM 算法训练生成的融合矩阵。

(2)编码方式:采用整数编码。染色体长度为类别数量 N,染色体上每条基因的取值范围为 $\{1,2,\cdots,K\}$,其中 K 为分组数量。染色体上取同一个值的类别代表分在同一组内。这样一条染色体代表一个可行解,并且所有的可行解均可用染色体来表示,且任意染色体经过交叉和变异算子处理后,生成的子代仍为可行解。

(3)适应度函数:由于遗传算法是选择适应度高的个体,所以不直接采用误分率 ER 作为适应度,而是采用正确率 $P=1-\mathrm{ER}$ 作为适应度。

(4)种群数量:10 000 条。

(5)交叉概率:0.35。

(6)变异概率:1/12。

(7)最大迭代次数:100。

(8)样本数量:184 415(删除了样本个数过少的类别)。

(9)类别数量:101(删除了样本个数过少的类别)。

(10)分组数量:3。

经过遗传算法,在 100 代时,适应度达到了 0.934 3。

按照计算出的分组,对各个分组进行了 GBM 分类训练,组内训练结果见表 5-6。

表 5 - 6　组内分类效果

组　　别	训练集		验证集	
	错误率	错分数量	错误率	错分数量
分组 1	0.034 2	1 104/32 295	0.145 8	4 709/32 295
分组 2	0.089 6	2 595/28 952	0.359 2	10 353/28 822
分组 3	0.047 3	1 474/31 136	0.16	4 946/30 915
总计	0.056	5 173/92 383	0.217 4	20 008/92 033

可以看出,在各个组内,分类器的分类效果都明显优于未分组前。换言之,组内的类别对于该分类算法而言,具备较好的可区分行,类别独立性较强,重叠性较低。由此可以认为,这种分组方式可以达到将原始分类拆分成相互独立的多个分类体系的组合的作用。将 3 组数据分别训练出的分类器对所有数据进行标注,且若认为任一个分类器给出的标签符合原始标签即认为分类正确的话,得到的分类正确率即为 1−0.217 4=78.26%,准确度明显提升。

笔者对分类器给出的标签进行了主观判断,从抽样结果来看,标签的合理性可以得到肯定。如图 5 - 18 所示,在原始样本中,《胜利油田高温分布式光纤测温技术成功应用》一文被划归在"石油科技.科技动态.物探测井"栏目下,而经过最优分组后,该文还被识别为"石油科技.科技动态.勘探开发"及"工程服务.物探测井"几个额外类别。

图 5 - 18　分类实例

5.3.2.3　分组数量的确定

通过指定分组数量,利用分类算法在测试集上的融合矩阵,即可借助如遗传算法获取最优分组,解决由于样本标注不完全带来的分类器性能低下问题。但是,最优分组需要指定分组数量 K,如何确定分组为多少时最为合适呢?

一种思路是人为规定一篇文档最多包含多少个标签,那么分组数量即可根据最大标签数量确定。但这种方式主观性较强。

另一种思路则是通过分类精确度的预估,确定达到特定精度需要的分组数量。

图 5-19 所示为 CNPC 语料库在 GBM 分类算法下的最优适应度与分组数量的关系曲线。可以看出,随着分组数量的增加,最优分组对应的适应度逐渐增加,但增加趋势逐渐变缓。那么,可以通过计算不同分组数量下的适应度,从而得到适当的分组数量。

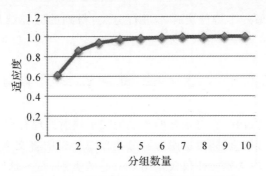

图 5-19　适应度与分组数量的关系曲线

按照上述方法获得的最优适应度与二项分布规律高度吻合:在最优 K 分组上的适应度,似乎等于分类算法在 K 次分类实验中至少成功一次的概率。从数据上看,两者非常吻合。

表 5-7 为根据 CNPC 语料库选用 GBM 分类算法获得的融合矩阵,进一步通过遗传算法得到的分组数量(第一行)与适应度(第二行)的关系,表中第三行为依据二项分布 $X \sim B(K, p)$ 计算出的 K 次贝努利实验至少成功一次的概率 $\mathrm{prob} = 1 - (1-p)^K$,其中 p 为 GBM 分类算法对未分组的整个数据集进行训练后得到的分类器的精确度。在其他数据集上也发现了类似的规律。

表 5-7　分组数量的经验分布与实际分布

分组数量	1	2	3	4	5	6	7	8	9	10
适应度	0.613 0	0.857 5	0.934 3	0.967 1	0.982 0	0.989 6	0.993 1	0.995 7	0.997 3	0.997 7
K 次贝努利实验至少成功一次的概率 prob	0.613 0	0.850 2	0.942 0	0.977 6	0.991 3	0.996 6	0.998 7	0.999 5	0.999 8	0.999 9

按照上述规律,就可以直接估计达到指定的适应度阈值所需的分组数量,即

$$K = \frac{\lg(1 - \mathrm{prob})}{\lg(1 - p)}$$

适应度越高,意味着分类器在分组后的训练集上表现越好,同时在验证集上也能表现出较好的性能,例如,在对 CNPC 语料库进行最优 5-划分后,分类器在验证集上的精度提升至 88.

61％,较 3 -划分上的精度 78.26％又有较大提升。

5.3.2.4　两步分类框架

上述对之前提到的其他分类算法,包括深度学习、分布式随机森林都进行了基于融合矩阵的最优分组,得到了类似的结论。因此,可以认为,基于融合矩阵的最优化分组,可以解决由于非完全标注带来的分类器性能下降问题,并得到了具备一定通用性的两步分类框架。

(1)利用分类算法对训练数据进行训练,得到针对训练集的融合矩阵 S 及精确度 p;

(2)依据经验公式 $K=\dfrac{\lg(1-\text{prob})}{\lg(1-p)}$,确定最优分组数量 K;

(3)以最大化正确率为优化目标,采用优化算法(如遗传算法等)计算最优分组方案;

(4)按照最优分组,采用与之前相同的分类算法以及算法超参数,分别训练各组数据的分类器;

(5)并联分类器,对每一个待分类样本进行分类,得到的分类结果均作为该样本的类别标签。

5.4　文本分类的单类学习算法

文本分类是一个映射过程,它将未标明类别的文本映射到现有类别中,该映射可以是一一映射,也可以是一对多映射。但同时也隐含了分类器总会试图将文本划分到某个类别中。但在实际情况下,标注的文本类别往往仅仅是用户关心的类别,而不是所有可能的类别,即标注的类别的并集,并不能涵盖全部文本空间。由于仅标注了正向样本,那么,分类器识别出的类别边界仅适用于从正向相关数据中区分不同类别,但不适用于判别新样本是否属于与训练集内容相关,即无法识别所有样本的边界(见图 5 - 20)。而仅依据正向样本识别类别边界的问题,学术上称之为单类学习问题(One Class Classification,OCC)。

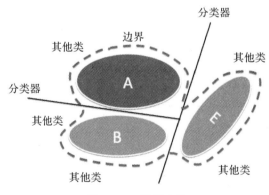

图 5 - 20　类别边界

5.4.1　单类学习问题

如前所述,一般的分类算法要解决的问题是将未知个体划分到预定义的一个或多个类别中去。但是在一些情况下,待分类的样本可能不属于其中任何一个类别,而训练样本仅能给出正向样本,负向样本不存在或极难获取。那么,仅通过正向样本即可学习样本特征,识别样本是否属于训练集的算法,就被称为单类学习算法。

5.4.1.1　常用单类学习算法

目前,使用最为广泛的单类学习算法主要包括自动编码(Auto Encoder)及单类支持向量基(One Class SVM, OSVM)两种(见图 5 - 21)。

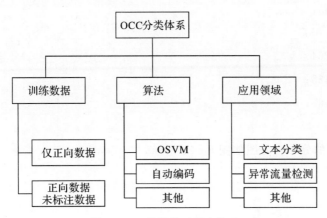

图 5 - 21　单类学习算法体系

5.4.1.2　性能评测

(1)自动编码(Auto Encoder)。

超参数设置如下:

1)隐层:(400,200,100);

2)激活函数:Tanh。

自动编码学习曲线如图 5 - 22 所示。

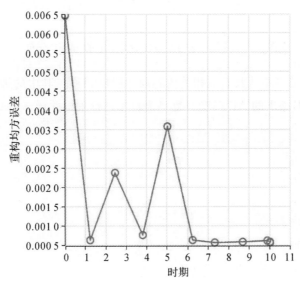

图 5 - 22　自动编码学习曲线

以重构均方差(reconstruction MSE,rMSE)为代价函数,训练结果如下:

1)训练集 rMSE:0.000 578;

2)验证集 rMSE:0.000 580。

采用训练出的 AE 模型对 CNPC 验证集进行重构(Reconstruction),获得验证集每个样本的重构均方差,该均方差数据集的统计特征如下:

1)total:92 055;

2)min:0.000 037;

3)q1:0.000 264;

4)q2:0.000 435;

5)q3:0.000 663;

6)max:0.056 947。

验证集 rMSE 的分布直方图如图 5-23 所示。

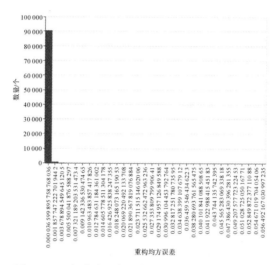

图 5-23　自动编码方法在验证集上的 rMSE 分布

由于复旦语料库基本不涉及石油相关内容,将复旦语料库(其中的训练集)作为对照样本集,用 CNPC 语料库训练出的 AE 模型对复旦语料库进行重构并计算 rMSE。结果如下:

1)total:9 799;

2)min:0.000 091;

3)q1:0.000 386;

4)q2:0.000 681;

5)q3:0.001 060 0;

6)max:0.042 217。

对照样本集的 rMSE 分布直方图如图 5-24 所示。

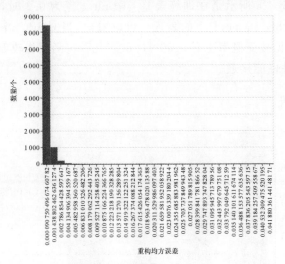

图 5-24　自动编码方法在对照集上的 rMSE 分布

利用自动编码进行单类学习的基本思路是利用认为训练样本的 rMSE 会显著小于不属于该类型的样本。一般而言,我们会选择一个 rMSE 的阈值,使得绝大多数属于该类型的样本的 rMSE 均小于该阈值(意味着小的漏报率),并期望绝大多数不属于该类型的样本的 rMSE 均大于该阈值(意味着小的误报率)。但从验证集与对照集重构均方差的分布上可以看出,两者之间差异并不显著。做出 rMSE 阈值与接受概率(Acceptance Probability)之间的关系曲线,可以看到,对任意一个 rMSE 的阈值,CNPC 语料的接受概率并不显著高于 Fudan 语料库。例如,图 5-25 中 rMSE 取 0.7×10^{-3} 时,CNPC 语料库的接受概率为 0.77,Fudan 语料库的接受概率为 0.50,仅高出 27%。而且在整个取值域上,均未出现验证组接受概率远大于对照组的情况。

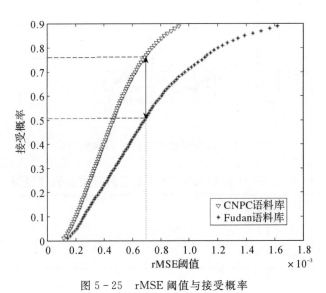

图 5-25　rMSE 阈值与接受概率

(2)单类支持向量机(OSVM)。在利用 OSVM 的过程中,同样碰到了验证集与对照集没有区分性的问题。图 5 - 26 所示是在训练误差上限 nu 设置为 0.1 时,OSVM 在不同核函数(linear,polynomial,rbf,sigmoid)下的表现。可以看出,当 CNPC 语料的接受概率为 0.90 时,作为反例的验证数据接受概率也有 0.50~0.60。几种核函数相较而言,除多项式核(polynomial)以外,其他三种性能接近。

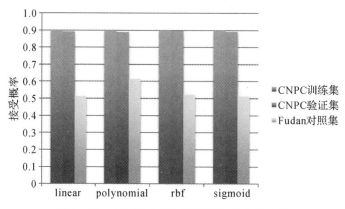

图 5 - 26　OSVM 在不同核函数下的性能比较

选取 linear 核函数,可以看到训练集与验证集高度吻合,但在训练误差上限 nu 的整个取值空间上,验证集与对照集的差异化仍然不十分显著,接受概率最大差异约为 0.43(在 nu＝0.3 处取到,此时验证集接受概率为 0.697 6,但对照集的接受概率也达到 0.265 3),如图 5 - 27 所示。虽然与自动编码的结果相比,OSVM 的结果略好,但仍不令人满意(见表 5 - 8)。

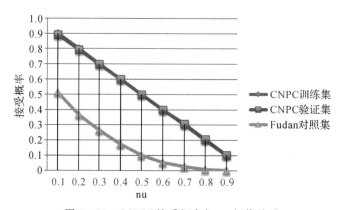

图 5 - 27　OSVM 接受概率与 nu 阈值关系

表 5 - 8　OSVM 在训练集、验证集及对照集上的性能对比

nu	0.1	0.2	0.3	0.4	0.5	0.6	0.7	0.8	0.9
CNPC 训练集	0.899 5	0.800 4	0.700 4	0.600 3	0.500 3	0.399 5	0.299 8	0.200 2	0.099 8
CNPC 验证集	0.891 1	0.792 3	0.697 6	0.599 7	0.499 5	0.400 2	0.305 1	0.206 3	0.101 3
Fudan 对照集	0.513	0.365 7	0.265 3	0.172 9	0.103 3	0.054 6	0.025	0.006 6	0.001 2
性能指标差距	0.378 1	0.426 6	0.432 3	0.426 8	0.396 2	0.345 6	0.280 1	0.199 7	0.100 1

由上述两种典型的单类学习的算法运行结果来看,无论是自动编码还是 OSVM,面对一个复杂的文本集合,其单类学习的性能都不十分理想。

5.4.2　基于内部分类中心的单类学习

在之前对 Doc2Vec 文档向量的概率分布一节中得到结论,经过标准化处理后的文档向量将主要分布在一个高维环状结构内,而环状结构距离中心的半径与各个维度上的方差有关,厚度则与其文档向量的维度相关。

进一步对其半径与厚度进行推导。根据卡方分布性质,当自由度 $k \to \infty$ 时,有

$$(\chi^2 - k)/\sqrt{2k} \xrightarrow{d} N(0,1)$$

即逼近均值 $\mu \to k$,方差 $\sigma^2 \to 2k$ 的标准正态分布。由于 Doc2Vec 向量为 400 维,可以近似认为,其密度的最大值出现在半径 $r=k$ 处,且根据正态分布的规律,在均值前后 2σ 的范围内,即 $r \in [-2\sqrt{2k}, 2\sqrt{2k}]$ 时,可覆盖 95% 的样本。

那么,将结论进行进一步的扩展,是否可以推测,属于同一类别的文档向量也分布在一个高维环状结构呢? 如果这样的话,只需针对训练样本,获得其在各个维度上的均值与方差,然后对分析样本进行标准化,计算其距离坐标原点的距离,即可判断其是否属于某个类别。并且由于是针对每个类别进行的,与整个样本集合所在的高维环状结构相比,可以推测各个类别对应的空间范围更小,从而有效地起到筛选作用。

下面随机选取了训练样本中的几个类别,并随机选取了其在两个维度上的投影。如图 5 - 28 所示。

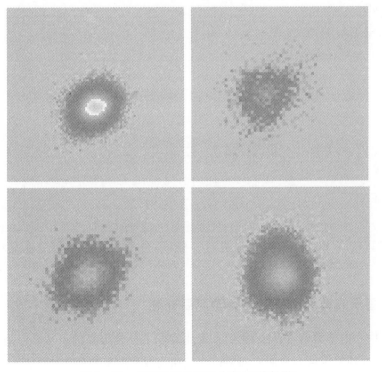

图 5 - 28　内部类别的空间分布(二维投影)

可以看出,对于单个类别,文档向量也显示出了明显的环状结构。因此,下面提出基于内部分类中心的单类学习算法:

ALGORITHM Boundary – Learn

INPUT:

 labeled training set $S = \{(S_1 \rightarrow L_1), (S_2 \rightarrow L_2), \cdots, (S_n \rightarrow L_n)\}$,

  where

  sample $S_i = (s_i^{(1)}, s_i^{(2)}, \cdots, s_i^{(d)})$

  sample labels $L_i = (l_i^{(1)}, l_i^{(2)}, \cdots)$

  label set $L = U_i L_i = \{l_1, l_2, \cdots, l_k\}$

 test samples $X = \{X_1, X_2, \cdots, X_M\}$,

  where

  $X_i = (x_i^{(1)}, x_i^{(2)}, \cdots, x_i^{(d)})$

OUTPUT:

 boolean vector $T = (T_1, T_2, \cdots, T_M)$ which indicate whether test sample belongs to training set

PSEUDO CODE:

 FOR EACH l_i in L

  $C_i = U_{l_i \in L_j} S_j$

  $\mu_i = \text{AVG}(C_j) = (\mu^{(1)}, \mu^{(2)}, \cdots, \mu^{(d)})$

  $\sigma_i = \text{STD}(C_j) = (\sigma^{(1)}, \sigma^{(2)}, \cdots, \sigma^{(d)})$

 END

 FOR EACH X_i in X

  $T_i = \text{FALSE}$

  for $j = 1$ to k

$$r = \sqrt{\sum_{l=1}^{d} \left(\frac{x_i^{(l)} - \mu_j^{(l)}}{\sigma_j^{(l)}} \right)^2}$$

   if $r \in [-2\sqrt{2d}, 2\sqrt{2d}]$

   $T_i = \text{TRUE}$

  END

END

采用上述算法在 Fudan 数据集上进行了测试,分类的召回率与精确度均达到了 90% 以上。

5.4.3　基于关键词分析的单类学习后处理

通过内部中心的单类学习算法,我们有效地实现了分类边界的识别。但是当应用到实际生产环境中时,发现呈现给用户的文档中包含了相当数量的不相关文档。而与此同时,对于相关文档的分类标识又相当准确。

经过判断,出现这种现象的原因是原始数据中数据样本的严重不均衡性。由于数据来源是无明确目的的网络爬虫,所以提供给分类器的文档中绝大部分是不相关文档(即用户不感兴趣的文档),据初略统计占了 95% 以上。在这种情况下,即使对于一篇不相关文档仅有极小的概率被分类器判定为相关,由于出现不相关文档的概率极大,那么最终呈现给用户的绝对数量也会相当大。

为解决该问题,在基于内部分类中心的边界判断的基础上,串联了一个基于关键词分析的筛选器。其筛选思路是,若待判断文本中包含足够多与训练文本中一致的关键词,则认为该文本属于用户关心的文档。

在具体实现中,首先利用了 HanNLP 框架对训练样本抽取了关键词,然后调整需要匹配的关键词的数量,使得超过 95% 的训练文本可以通过该筛选,最后将其应用在生产环境中。

5.5 模型综合

在用户使用过程中,用户往往会对分类结果做出反馈,其主要形式包括采纳标记(用户接受分类结果并加入个人收藏)、错误标记(标记错误的分类标签并更正)和无关标记(标记为不相关的信息)。那么,这些用户反馈信息均可以用于改进分类器的性能。

其中采纳标记与错误标记可用于更新监督学习分类器的训练集,在包含更多样本更高质量的样本集上重新训练后,获得的分类器往往具有更好的性能,使得类别标注更为准确。标注后的样本可以用于更新关键词列表及微调分类中心的边界范围,从而进一步减少无关文档的进入。文本分类的模型综合如图 5 - 29 所示。

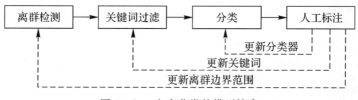

图 5 - 29 文本分类的模型综合

5.6 工程应用

在具体工程实现上,笔者采用了 H2O 作为基础的分类算法训练引擎,并用 Java 语言实现了两部分类框架及分类边界判定。最终实现的业务系统实现了从爬虫获取的网页数据中,根据不同用户的类别订阅,定时分类推送到各个用户。

分类效果及界面如图 5 - 30 和图 5 - 31 所示。

图 5-30　文本推送应用系统界面(1)

图 5-31　文本分类应用系统界面(2)

第6章　网络行为异常检测算法与应用

在数据挖掘中,异常检测(Anomaly Detection)是对不符合预期模式或数据集中其他项目的项目、事件或观测值的识别。通常异常项目会转变成银行欺诈、结构缺陷、医疗问题或文本错误等类型的问题。异常也被称为离群值、新奇、噪声、偏差和例外。

有三大类异常检测算法。在假设数据集中大多数实例都是正常的前提下,无监督异常检测方法能通过寻找与其他数据最不匹配的实例来检测出未标记测试数据的异常。监督式异常检测方法需要一个已经被标记"正常"与"异常"的数据集,并涉及训练分类器(与许多其他统计分类问题的关键区别是异常检测的内在不均衡性)。半监督式异常检测方法根据一个给定的正常训练数据集建立一个表示正常行为的模型,然后检测由学习模型生成的测试实例的可能性。

本章主要针对网络行为的异常检测进行讨论。首先从网络行为特征的提取方面,在 Kill-Chain 模型以及观测模型的基础上,介绍常见的网络行为特征类型及特征提取方法,简要介绍自动特征提取的技术,并针对数值类特征,提出一种基于中心距-位移-概率的特征提取方法 CMP,并针对从 Netflow 数据中发现异常数据传输的应用场景,对 CMP 方法进行验证;然后针对无监督异常检测算法,简要介绍基于 AutoEncoder 及 PCA 的异常检测算法,并详细推导基于 Copula 的异常检测算法;在此基础上,介绍如何将多种无监督异常检测模型进行集成,以及如何与有监督模型进行综合,从而实现检测效果的不断提升。

在本章出现的理论成果主要有以下 3 项:①从中心距-位移-概率(Centric distance-Movement-Probability,CMP)的思路出发,提出了一种针对多维数值型数据的特征提取算法 CMP,并通过实际数据对其检测异常数据传输的效果进行验证;②从计算概率密度评估异常性的思路出发,通过近似核密度估计,提出一种可应用在大数据场景下的基于 Copula 密度估计的异常检测算法,从理论上详细推导 Gaussian 族下利用 CML 进行 Copula 参数估计的方法;③提出一种具备通用性的异构模型集成的机制,用于多种异常检测模型的集成与综合,通过少量的人工标注,以监督模型驱动无监督模型和监督模型的共同更新,实现算法性能的不断提升。

6.1　网络行为特征提取

6.1.1　网络入侵行为与检测建模

为有效提取对入侵检测有效的网络行为特征,首先要对网络入侵行为进行建模。其中,针对网络入侵行为,美国国防企业 Lockheed-Martin 于 2011 年提出了网络入侵的杀伤链模型(Intrusion Kill Chain)。所谓 Kill-Chain,原是一种军事术语,具体是指攻击中以取得成果为导向的敌对行动。美军定义的 KC 为 F2T2EA(Find,Fix,Track,Target,Engage,Assess)。Kill-Chain 是端到端的行动链,任何一个环节出现问题,整个行动就会失败。2010 年 Lockheed-Martin 的 Eric M. Hutchins 等人通过建立 Kill-Chain 模型来分析 APT 攻击,匹配攻击者的指征并形成情报驱动的计算机网络防护的基础,并于 2010 年 7 月向 USPTO 申请并通过了将 Kill-Chain 作为其网络情报技术和网络安全技术咨询等服务商标。该模型在网络安全业内已得到一定的承认。

网络入侵 Kill-Chain 模型指出,网络入侵包含了踩点(Reconnaissance)、组装(Weaponization)、投送(Delivery)、激活(Exploitation)、植入(Installation)、控制(Command & Control)和获取(Actions on Objective)几个阶段(见图 6-1)。

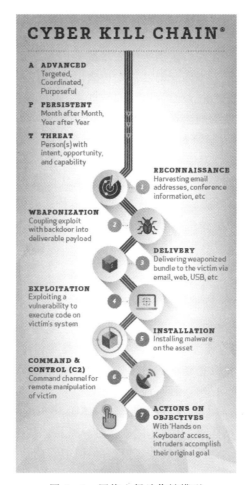

图 6-1　网络入侵杀伤链模型

对上述任一阶段的有效检测、阻断、拦截、降解、诱导或损毁,都可以对其整个网络入侵的过程产生影响。而采取所有这些措施的前提,都是建立在对相关数据的有效覆盖与采集的基础上的。

从传感器角度来看,数据采集的覆盖与监测点(Vantage)、数据域(Domain)和监测域(Action)等 3 种因素有关。其中监测点是指数据监测器在网络中的位置,决定了数据源,不同的监测点的数据监测器对同一个事件将看到不同的部分的内容;数据域是指数据监测器所获得的信息,具有相同监测点但不同数据域的数据监测器能够对同一时间提供互补的数据,常见的数据域包括主机域、服务域与网络域等;而监测域是指数据监测器报告信息的方式,其中包括仅仅报告记录的信息、提供事件信息或干预生产数据的流。

结合 Kill-Chain 模型及网络中的传感器覆盖,可以对 Kill-Chain 各阶段中可用的数据列举如下(见表 6-1)。

表 6-1　Kill-Chain 数据特征

阶　段	检　测	阻　断	拦　截	降　解	诱　导	损　毁
踩点	Web 解析	防火墙 ACL				
组装	NIDS	NIPS				
投送	用户警觉	代理过滤	在线病毒检测	队列		
激活	HIDS	打补丁	DEP			
植入	HIDS	Chroot jail	防病毒			
控制	NIPS	防火墙 ACL	NIPS	Tarpit	DNS 重定向	
获取	审计日志			QoS	蜜罐	

6.1.2 网络行为特征类型

从数据域来看,网络数据可以划分为主机数据、服务数据与网络数据等。其中主机数据包括主机上的登录、文件访问记录等,数据来源为 IPS 系统、HIPS 系统等,以及主机上的系统日志与安全日志;服务数据为网络中服务产生的数据,如 HTTP 服务日志、SMTP 服务日志等;而网络数据记录网络流量信息,如 Netflow 数据与全包数据等。

网络数据涉及的实体包括 IP、用户、session 等。

其数据类型包括以下几种:

(1)计数值:如 1h 内发送的数据包数量及均值、方差等,在实时计算时,这类数据可以通过对历史数据简单加合计算获取;

(2)指示值:如是否登录失败等,在实时计算时,这类数据可以通过对历史数据逻辑计算获取;

(3)关联特征:如两个 IP 之间发送的流量等,这种类型的数据往往需要以图结构存储(如图数据库等)便于计算;

(4)时间行为:如登录到退出之间的时间,这种类型的数据需要统一的时间戳支持;

(5)唯一值:如 1h 内访问的不同 IP 的数量,这种类型的数据需要以 K-V 数据形式存储特征对应的不同值。

6.1.3　自动特征提取

从原始数据中选取适当的特征是构建模型训练算法的数据基础。这一过程往往是极度依赖数据分析师的经验与直觉的过程。但 James M. Kanter 在 2015 年提出了一种深度特征综合的方法(Deep Feature Synthesis,DFS),可以用于自动化地从一组互相关联的数据中生成特征。

DFS 的输入是一组互相关联的实体(Entity)及其对应的数据表。实体包含其唯一 ID 及多项原始属性,属性可以是数值型、类别型、时间戳或自由文本。给定实体及实体之间的关系,可以定义一系列的数学函数,实现在实体层次或在关系层次上的变换。那么,针对实体本身的原始属性,可以通过实体层次上的变换生成一系列的实体特征(Entity Feature,EFEAT)。而在关系层次上,对于前向关系(即目标实体与原始实体之间是一对一或一对多关系),目标实体的特征可以直接被原实体使用,被称为直接特征(Direct Feature,DFEAT);而对于后向关系(即目标实体与原始实体之间为多对一关系),则需要对目标实体集合中与原始实体对应的实体的集合进行变换,从而获得的特征称为关联特征(Relational Feature,RFEAT)。通过这样的迭代过程,即可自动地生成目标实体的特征。

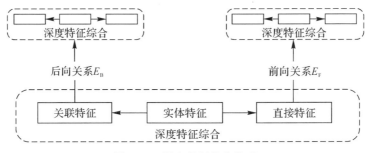

图 6-2 深度特征综合模型

6.1.4 CMP 行为特征提取算法及其应用

在网络行为数据中,绝大部分原始数据属于数值型数据。那么,对于异常检测这一应用领域,如何从原始数据中提取出有助于发现异常的特征,是进一步进行进行异常发现算法的基础。

6.1.4.1 数据的归一化

在网络行为数据中,有相当多的数据并不服从正态分布,而是接近于幂律分布等长尾(Long-Tail)等偏态分布(Skewness Distribution)。例如,图 6-3 为中国石油某条线路上一小时内不同 IP 对外网发送的字节数(Numbytes)、数据流数(Numflows)和目标 IP 数(Numdst)的频率分布。

可以看出,数据呈现极端的不均衡化。而以幂律分布为例,其累积分布为

$$F_X(x) = \begin{cases} 1 - \left(\dfrac{x_m}{x}\right)^a, & x \geqslant x_m \\ 0, & x < x_m \end{cases}$$

其数学期望为

$$E(X) = \begin{cases} \infty, & a \leqslant 1 \\ \dfrac{a x_m}{a-1}, & a > 1 \end{cases}$$

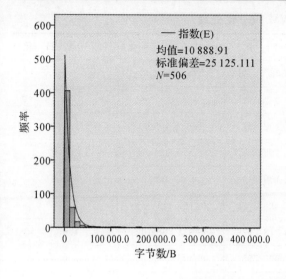
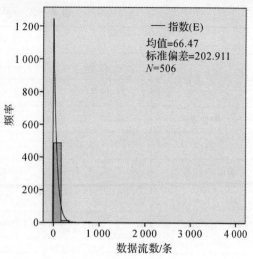

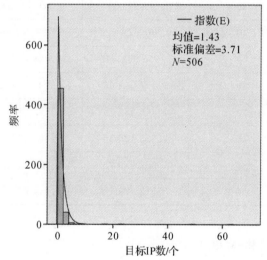

图 6-3　网络行为数据密度分布

可见由于少量极端数据的存在,使其数学期望趋近于无穷大。而若直接对数据进行均值化处理,即令

$$\bar{x}_i = \frac{x_i}{\bar{X}}$$

由于 $\bar{X} \to \infty$,所以大多数数据将趋近于 0,从而导致数据的可比性丧失。

为解决该问题,引入 QWM 归一化方法。QWM 是一种双边权重分位数处理方法,定义为

$$QWM(D) = \frac{Q_{75}(D) + 2Q_{50}(D) + Q_{25}(D)}{4}$$

式中,$Q_k(D)$ 为随机变量 D 的 k 分位数。

经过 QWM 归一化处理,其绝大部分数据有效地聚集在了 1.0 附近,见表 6-2。

表 6 - 2　QWM 归一化处理

		字节数(归一化)	net flow 数(归一化)	目标 IP 数(归一化)
N(记录数)	有效	506	506	506
	缺失	0	0	0
中位数		0.955 962 497	1.028 400 60	1.000
偏度		7.453	13.934	13.810
偏度的标准差		0.109	0.109	0.109
分位数	10	0.157 428 277	0.167 414 051	1.000
	20	0.296 213 732	0.334 828 102	1.000
	25	0.376 999 295	0.406 576 981	1.000
	30	0.467 313 411	0.526 158 445	1.000
	40	0.662 579 713	0.789 237 668	1.000
	50	0.955 962 497	1.028 400 60	1.000
	60	1.197 559 66	1.291 479 82	1.000
	70	1.565 582 79	1.482 810 16	1.000
	75	1.723 425 35	1.560 538 12	1.000
	80	1.902 810 73	1.650 224 22	1.000
	90	3.212 779 70	2.614 050 82	2.000

6.1.4.2　中心距-位移-概率

考虑归一化后的样本数据空间。从异常发现的角度来讲,一种常见的情况即是某样本与同时间的其他样本的差异很大,即在时间固定的情况下,空间分布与其他明显不同。

为考量这种异常,可以采用与第 2 章中类似的概率密度估计的方法,但从计算量考虑,这里采用一种更为简单的表征——中心距。

设实体 h 在 t 时段的原始特征为向量 $\boldsymbol{x}_t(h) = (x_t^{(1)}(h), x_t^{(2)}(h), \cdots, x_t^{(d)}(h))$,则定义原始特征空间的中心为向量 $\boldsymbol{c}(\boldsymbol{x}_t) = \left(\dfrac{\sum\limits_h x_t^{(1)}(h)}{|\boldsymbol{x}_t|}, \dfrac{\sum\limits_h x_t^{(2)}(h)}{|\boldsymbol{x}_t|}, \cdots, \dfrac{\sum\limits_h x_t^{(d)}(h)}{|\boldsymbol{x}_t|} \right)$,而中心距即为向量 $\boldsymbol{x}_t(h)$ 到中心 $\boldsymbol{c}(\boldsymbol{x}_t)$ 的欧氏距离,即

$$\text{score}_{\text{Cent}} = \sqrt{\sum_{i=1}^d (x_t^{(i)}(h) - c^{(i)}(h))^2}$$

这种特征可以描述,对于一个实体,其原始特征与其他实体特征在空间上是否有较大的不一致。

从时间的角度上来看,可以提出另一种异常,即实体 h 在 t 时段的原始特征与 $t-1$ 时段

或更长的一个时间窗口内的特征有显著的变化。为表征这种变化,定义其位移向量 $\boldsymbol{m}_t(h)$ 为向量 $\boldsymbol{x}_t(h)$ 到实体 h 的原始特征在指定宽度的时间窗口范围内的均值 β_{t-1} 之间差值相对于 β_{t-1} 的在其各个维度上的变化率,有

$$\boldsymbol{m}_t(h) = \left(\frac{x_t^{(1)}(h) - \beta_{t-1}^{(1)}(h)}{\beta_{t-1}^{(1)}(h)}, \frac{x_t^{(2)}(h) - \beta_{t-1}^{(2)}(h)}{\beta_{t-1}^{(2)}(h)}, \cdots, \frac{x_t^{(d)}(h) - \beta_{t-1}^{(d)}(h)}{\beta_{t-1}^{(d)}(h)} \right)$$

并对该变化率取 L_2 范数为

$$\text{score}_{\text{Move}} = \sqrt{\sum_{i=1}^{d} (m_t^{(i)}(h))^2}$$

为了避免偏态分布对数据的影响,在此不采用算术平均值,而是采用中位数,即

$$\boldsymbol{\beta}_{t-1} = (Q_{50}(\bigcup_j x_j^{(1)}), Q_{50}(\bigcup_j x_j^{(2)}), \cdots, Q_{50}(\bigcup_j x_j^{(d)}))$$

这种特征描述了一个实体当前的原始特征是否与其自身的历史数据有较大的不一致性。

在考量了原始特征相对于其历史的变化后,还可以考虑第三种异常,即这种相对于历史数据的变化与当时其他实体的的变化是否有较大的不一致性。为表征这种变化,首先将位移向量 $\boldsymbol{m}_t(h)$ 单位化向量化,即

$$\hat{\boldsymbol{m}}_t(h) = \frac{\boldsymbol{m}_t(h)}{\|\boldsymbol{m}_t(h)\|}$$

由此仅关注其变化的相对比例,即变化在笛卡儿坐标系下的方向。然后,将 $\hat{\boldsymbol{m}}_t(h)$ 从笛卡儿坐标系变换到超球坐标系,则有

$$\begin{cases} \rho = 1 \\ \phi_{d-1} = \arctan\left(\dfrac{\hat{m}_t^{(d)}}{\hat{m}_t^{(d-1)}}\right) \\ \phi_{d-2} = \arctan\left(\dfrac{\sqrt{(\hat{m}_t^{(d)})^2 + (\hat{m}_t^{(d-1)})^2}}{\hat{m}_t^{(d-2)}}\right) \\ \cdots \\ \phi_1 = \arctan\left(\dfrac{\sqrt{(\hat{m}_t^{(d)})^2 + (\hat{m}_t^{(d-1)})^2 + \cdots + (\hat{m}_t^{(2)})^2}}{\hat{m}_t^{(1)}}\right) \end{cases}$$

那么,可以根据样本在超球面各个角度上的分布,估计原始特征的经验概率密度分布。

为简便计算,在维度不高、样本数量足够的情况下,可以采用网格化的方法进行快速的概率密度估计。即将 $d-1$ 个角度划分为适当大小的高维网格,然后根据样本落在网格内的数量与总数量的比值作为概率密度。其中,网格的大小可以根据 Scott 法则 $h = 3.5\sigma n^{-1/3}$ 亟需选取。而由于我们更关注在该方向上出现的不可能概率,所以,定义

$$\text{score}_{\text{Prob}} = 1 - \Pr[\hat{\boldsymbol{m}}_t(h)]$$

这种特征描述了一个实体原始特征变化的方式与其他实体的变化是否有明显不同。

综上,将原始特征变换为由 $(\text{score}_{\text{Cent}}, \text{score}_{\text{Move}}, \text{score}_{\text{Prob}})$ 构成的特征,表明了原始特征在空间、时间两个维度上,与自身及系统内的所有实体的差异性。我们将其称之为 CMP 变换。

6.1.4.3　CMP 变换的应用

为验证 CMP 变换的有效性,下面对中石油某条线路的流量数据进行了按小时的分析。其原始特征包括了 IP 对外网发送的字节数(numbytes)、数据流数(numflows)和目标 IP 数

(numdst)。

通过 CMP 变换后,对变换后的特征进行简单的加权平均作为异常评分。

$$score_t = \zeta_{Cent} score_{Cent} + \zeta_{Move} score_{Move} + \zeta_{Prob} score_{Prob}$$

对于加权系数 ζ_{Cent},ζ_{Move} 与 ζ_{Prob} 的设计,期望该系数可以平衡不同的 $score_{Cent}$,$score_{Move}$ 与 $score_{Prob}$ 在分布上的不同,因此,取

$$\begin{cases} \zeta_{Cent} = \dfrac{QWM(score_{Move}) + QWM(score_{Prob})}{QWM(score_{Cent}) + QWM(score_{Move}) + QWM(score_{Prob})} \\ \zeta_{Move} = \dfrac{QWM(score_{Cent}) + QWM(score_{Prob})}{QWM(score_{Cent}) + QWM(score_{Move}) + QWM(score_{Prob})} \\ \zeta_{Prob} = \dfrac{QWM(score_{Cent}) + QWM(score_{Move})}{QWM(score_{Cent}) + QWM(score_{Move}) + QWM(score_{Prob})} \end{cases}$$

一个样例测试数据见表 6-3(选取了排名前 20 的 IP)。

表 6-3 CMP 特征提取实例

IP	Cent	Move	Prob	Score
10.73.75.92	40.076 833 47	81.116 189 07	0.995 934 959	74.259 866 31
10.33.176.82	155.778 601 4	2.198 954 897	0.934 959 35	67.199 095 77
10.33.176.81	157.721 860 9	0.846 029 551	0.995 934 959	67.116 159 57
10.188.51.96	75.442 485 87	2.167 220 05	0.995 934 959	33.795 107 93
10.188.195.29	5.568 718 856	40.061 482 79	0.995 934 959	31.201 157 91
10.73.246.191	27.709 381 02	19.259 210 65	0.983 739 837	25.864 866 86
10.188.159.100	20.775 590 52	21.282 064 43	0.983 739 837	24.392 972 51
10.188.191.40	2.238 573 735	30.924 451 27	0.987 804 878	23.421 345 57
10.188.152.101	25.362 650 55	9.717 884 833	0.991 869 919	18.226 143 08
10.188.100.5	4.071 936 971	15.268 453 23	0.934 959 35	13.194 373 46
10.188.63.25	11.124 745 19	5.944 945 154	0.983 739 837	9.655 941 016
10.73.56.21	13.895 229 45	4.187 136 696	0.934 959 35	9.537 174 087
10.73.183.27	6.912 446 154	6.436 105 26	0.983 739 837	8.246 101 058
192.168.72.12	2.432 056 069	8.532 384 09	0.983 739 837	7.846 630 66
192.168.72.15	7.877 506 541	3.816 463 521	0.983 739 837	6.816 675 965
10.188.151.32	0.915 838 063	7.506 275 824	0.991 869 919	6.505 545 998
10.73.160.198	3.880 623 805	5.243 921 786	0.983 739 837	6.150 947 191
10.188.198.47	4.314 845 097	2.514 299 847	0.987 804 878	4.427 310 428
10.73.223.102	2.377 437 357	3.010 927 921	0.934 959 35	3.921 339 691
10.188.198.38	4.261 256 855	1.763 867 159	0.995 934 959	3.887 662 035

可以看出,最终得分的差异性较大,尤其排名靠前的得分明显高于其他得分。而对上述 IP 的排查也验证了该方法的可靠性。

6.2　异常行为检测算法

6.2.1　常用异常检测算法

6.2.1.1　基于自动编码机的异常检测

自动编码机(AutoEncoder)是一种利用人工神经网络进行无监督特征学习的算法,其目的是学习数据集的表示(Representation)。其常用领域是降维及生成模型(Generative Model)。

自动编码机包含编码器(Encoder)与解码器(Decoder)两部分(见图 6-4),而算法即是寻求使得数据通过编码再解码(称为重构)后与原数据的差异最小的编解码器参数,即

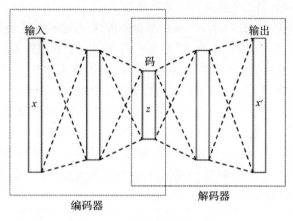

图 6-4　自动编码机方法

$$\begin{cases} \phi : x \rightarrow F \\ \psi : F \rightarrow x \\ \arg\min_{\phi,\psi} \| X - (\psi \circ \phi) X \|^2 \end{cases}$$

自动编码机的训练过程(见图 6-5)是在一个多层前向神经网络中,通过对每一层编码器串接一个解码器,然后基于最小化重构误差进行训练,训练完成后将解码器去除,接入下一层神经网络,由此逐层得到编码器的参数。

为表征原始数据与重构数据的差异,定义评分函数为

$$\text{score}_{\text{AE}}(\boldsymbol{X}_i) = \sum_{j=1}^{n} (x_{ij} - r_{ij})^2$$

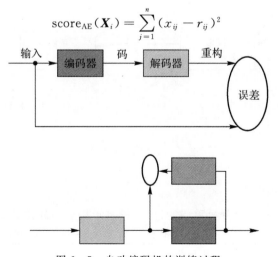

图 6-5　自动编码机的训练过程

6.2.1.2 基于 PCA 的异常检测

1.PCA 的基本概念

在多元统计分析中，主成分分析（Principal Component Analysis，PCA）是一种分析、简化数据集的技术。主成分分析经常用于减少数据集的维度，同时保持数据集中对方差最大的特征。这是通过保留低阶主成分、忽略高阶主成分做到的。这样往往可以保留数据最重要的方面，并减少噪声的影响。

PCA 的数学定义是：一个正交的线性变换，把数据变换到一个新的坐标系统中，使得这一数据的任何投影的第一大方差在第一个坐标（称为第一主成分）上，第二大方差落在第二个坐标（第二主成分）上，依次类推。

定义一个 $n \times m$ 的数据矩阵 X^T，已经按照列进行了去平均值（以平均值为中心移动至原点）的处理，矩阵 X^T 中每一行代表一个数据样本，每列代表样本的一个特征。则 X 的奇异值分解为 $X = W\Sigma V^T$，其中 $m \times m$ 矩阵 W 是 XX^T 的本征矢量矩阵，Σ 是 $m \times n$ 的非负矩形对角矩阵，V 是 $n \times m$ 的 $X^T X$ 的本征矢量矩阵。据此

$$Y^T = X^T W = V\Sigma^T W^T W = V\Sigma^T$$

当 $m < n-1$ 时，V 在通常情况下不是唯一的，而 Y 则是唯一定义的。W 是一个正交矩阵，Y^T 是 X^T 的转置，且 Y^T 的第一列由第一主成分组成，第二列由第二主成分组成，依次类推。

为了得到一种降低数据维度的有效方法，可以利用 W_L 把 X 映射到一个只应用前面 L 个向量的低维空间中去，有

$$Y_L = W_L^T X = \Sigma_L V^T$$

式中，$\Sigma_L = I_{L \times m} \Sigma$，且 $I_{L \times m}$ 为 $L \times m$ 的单位矩阵。若将 Y 逆映射回原空间，即

$$R = (W_L Y_L)^T = (W_L W_L^T X)^T$$

这个过程被称为重构。显然，在 $L < n$ 时，一般情况下 $R \neq X^T$。

PCA 方法原理如图 6-6 所示。

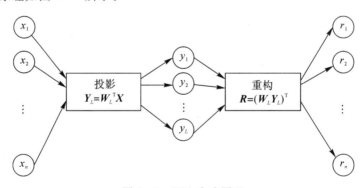

图 6-6 PCA 方法原理

2.基于 PCA 的异常检测

考虑原始数据投射到主成分再重构的过程，样本重构后与原始数据之间出现了重构误差；并且选取的主成分维度越低，其误差显然越大。为了充分表征原始数据在不同维度的主成分分解之后与原始数据之间的差异，并且平衡主成分分解时由于维度不同造成的整体误差程度上的差异，定义基于 PCA 的评分函数为

$$\text{score}_{\text{PCA}}(\boldsymbol{X}_i) = \sum_{i=1}^{n} (\mid \boldsymbol{X}_i - \boldsymbol{R}_i^j \mid) \times \text{ev}(j)$$

式中，$\boldsymbol{R}_i^j$ 为 $\boldsymbol{X}_i$ 的 j 维 PCA 重构，而

$$\text{ev}(j) = \frac{\sum\limits_{k=1}^{j} \lambda_k}{\sum\limits_{k=1}^{n} \lambda_k}$$

式中，λ_k 是按降序排列的 $\boldsymbol{X}$ 的协方差矩阵的第 k 个特征值。

6.2.2　基于 Copula 的异常检测

除了上述常见的异常检测算法外，另一个检测异常的思路是根据监测到的样本值，构建数据在整个空间的概率密度函数。那么，对于待检测的样本，若其落在概率密度较低的区域，则认为其属于异常。基于此，可以定义评分函数为

$$\text{score}_{\text{Density}} = -\ln(p)$$

其中，p 为概率密度。

那么，问题便转化为如何根据样本数据估计概率密度。目前，对于高维数据的概率密度估计，较为前沿的一种方法是基于 Copula 的密度估计。下面对于如何利用 Copula 进行简要介绍及理论推导。

6.2.2.1　Copula 与 Gaussian Copula

对于任意的 $d \geqslant 2$，d 维 Copula（关联结构）是一个定义在 $\mathbf{R}^d$ 上的 d 维分布函数，并且其任一边缘分布均为 $\mathbf{R}$ 上的均匀分布。

Skala 定理指出，一个给定的 d 变量的联合分布函数 H，$F_1, F_2, \cdots, F_d$ 为其边缘分布，则必存在一个关联结构 C，使得

$$H(x_1, x_2, \cdots, x_d) = C(F_1(x_1), F_2(x_2), \cdots, F_d(x_d))$$

若该联合分布存在密度 h，则

$$h(x_1, x_2, \cdots, x_d) = c(F_1(x_1), F_2(x_2), \cdots, F_d(x_d)) \prod_{i=1}^{d} f_i(x_i)$$

若边缘分布 $F_i(x_i)$ 连续，则关联结构 C 唯一确定；否则关联结构 C 在边缘分布的值域上是唯一确定的。

典型的 Copula 族包括 Elliptical Copula，Archimedean Copula 和 EFGM Copula 等。而 Elliptical Copula 中的最常见的就是 Gaussian Copula 与 t Copula。

其中，Gaussian Copula 是对 $\mathbf{R}^d$ 上的多元正态分布通过概率积分变换（Probability Integral Transform）构建。而概率积分变换，是指对任一个连续随机变量，设其累积分布函数为 $F_X(x)$，则函数 $Y = F_x(x)$ 被称为概率积分变换，且 $Y \sim U(0,1)$。

对于一个给定的关联矩阵（Correlation Matrix）$\boldsymbol{R} \in [-1,1]^{d \times d}$，基于参数 $\boldsymbol{R}$ 的 Gaussian Copula 表达式为

$$C_{\boldsymbol{R}}^{\text{Gauss}}(u) = \Phi_{\boldsymbol{R}}(\Phi^{-1}(u_1), \Phi^{-1}(u_2), \cdots, \Phi^{-1}(u_d))$$

其中，Φ^{-1} 为标准正态分布的逆累计分布函数，$\Phi_{\boldsymbol{R}}$ 为多元正态分布的联合分布函数，且该多元正态分布的均值为 $\mathbf{0}$ 向量，协方差矩阵（Covariance Matrix）与 $\boldsymbol{R}$ 相等。

Gaussian Copula 的密度函数为

$$c_{\boldsymbol{R}}^{\text{Gauss}}(u) = \frac{1}{\sqrt{\det \boldsymbol{R}}} \exp\left[-\frac{1}{2} \begin{pmatrix} \Phi^{-1}(u_1) \\ \vdots \\ \Phi^{-1}(u_d) \end{pmatrix}^{\text{T}} \cdot (\boldsymbol{R}^{-1} - \boldsymbol{I}) \cdot \begin{pmatrix} \Phi^{-1}(u_1) \\ \vdots \\ \Phi^{-1}(u_d) \end{pmatrix}\right]$$

6.2.2.2 Copula 密度估计

对于

$$h(x_1, x_2, \cdots, x_d) = c(F_1(x_1), F_2(x_2), \cdots, F_d(x_d)) \prod_{i=1}^{d} f_i(x_i)$$

对于随机向量 $\boldsymbol{x}$ 的一组观测值 $x^{(j)} = (x_1^{(j)}, x_2^{(j)}, \cdots, x_d^{(j)})$，$j = 1, 2, \cdots, n$，其对数似然函数

$$L(x_1, x_2, \cdots, x_d) = \sum_{j=1}^{n} \log h(x_1^{(j)}, x_2^{(j)}, \cdots, x_d^{(j)}) =$$

$$\sum_{j=1}^{n} \log c(F_1(x_1^{(j)}), F_2(x_2^{(j)}), \cdots, F_1(x_d^{(j)})) + \sum_{i=1}^{d} \sum_{j=1}^{n} \log f_i(x_i^{(j)}) =$$

$$L_c + \sum_{i=1}^{d} L_i$$

式中，L_c 为 Copula 的似然函数，L_i 为边缘分布的似然函数。

设 C 属于指定 Copula 族，并且由参数向量 $\boldsymbol{\theta}$ 确定，即 $C = C(u_1, u_2 \cdots, u_d; \boldsymbol{\theta})$；边缘分布 $F_i = F_i(x; \boldsymbol{a}_i)$ 及其密度函数 $f_i = f_i(x; \boldsymbol{a}_i)$ 由参数向量 $\boldsymbol{a}_i$ 确定，那么参数 $(\boldsymbol{a}_1, \boldsymbol{a}_2, \cdots, \boldsymbol{a}_d, \boldsymbol{\theta})$ 的最大似然估计（MLE）为

$$(\hat{\boldsymbol{a}}_1^{\text{MLE}}, \hat{\boldsymbol{a}}_2^{\text{MLE}}, \hat{\boldsymbol{a}}_1^{\text{MLE}}, \hat{\boldsymbol{\theta}}^{\text{MLE}}) = \arg \max_{\boldsymbol{a}_1, \boldsymbol{a}_2, \cdots, \boldsymbol{a}_d, \boldsymbol{\theta}} L(\boldsymbol{a}_1, \boldsymbol{a}_2, \cdots, \boldsymbol{a}_d, \boldsymbol{\theta}) =$$

$$\arg \max_{\boldsymbol{a}_1, \boldsymbol{a}_2, \cdots, \boldsymbol{a}_d, \boldsymbol{\theta}} L_c(\boldsymbol{a}_1, \boldsymbol{a}_2, \cdots, \boldsymbol{a}_d, \boldsymbol{\theta}) + \sum_{i=1}^{d} L_i(\boldsymbol{a}_i) =$$

$$\arg$$

$$\max_{\boldsymbol{a}_1, \boldsymbol{a}_2, \cdots, \boldsymbol{a}_d, \boldsymbol{\theta}} \sum_{j=1}^{n} \log c(F_1(x_1^{(j)}; \boldsymbol{a}_1), F_2(x_1^{(j)}; \boldsymbol{a}_2), \cdots, F_d(x_d^{(j)}; \boldsymbol{a}_d)) +$$

$$\sum_{i=1}^{d} \sum_{j=1}^{n} \log f_i(x_i^{(j)}; \boldsymbol{a}_i)$$

求解

$$(\partial L/\partial \boldsymbol{a}_1, \partial L/\partial \boldsymbol{a}_2, \cdots, \partial L/\partial \boldsymbol{a}_d, \partial L/\partial \boldsymbol{\theta}) = \boldsymbol{0}$$

即可获得参数估计。

在大多数情况下，直接求解上式十分复杂。因此，在实际的参数估计中，往往采用 IFM（Inference for the Margin）方法或半参估计（Semi-parametric Estimation）方法。

其中 IFM 方法首先通过最大似然方法估计边缘分布族的相关参数，然后利用已知的边缘分布参数代入，估计 Copula 分布族的参数。与最大似然估计相比，其求解方程变为

$$(\partial L_1/\partial \boldsymbol{a}_1, \partial L_2/\partial \boldsymbol{a}_2, \cdots, \partial L_d/\partial \boldsymbol{a}_d, \partial L/\partial \boldsymbol{\theta}) = \boldsymbol{0}$$

半参估计与 IFM 方法类似，但不再对边缘分布的分布族进行假设，而是直接采用无参估计方法（如核函数方法）对边缘分布进行估计，然后将边缘分布代入后求解 Copula 分布族的参数，即

$$\hat{\boldsymbol{\theta}}^{\text{CML}} = \arg \max_{\boldsymbol{\theta}} \sum_{j=1}^{n} \log c(\hat{F}_1(x_1^{(j)}), \hat{F}_2(x_2^{(j)}), \cdots, \hat{F}_d(x_d^{(j)}))$$

其中，$\hat{F}_1,\hat{F}_2,\cdots,\hat{F}_d$ 为通过无参估计获得的 cdf。这种方法也被称为规范最大似然（Canonical Maximum Likelihood，CML）方法。

显然，IFM，CML 与 MLE 并不等价。但在一些情况下，如 Copula 隶属于 Gaussian 族时，可以证明 IFM 方法逼近于 MLE。

选取 Copula 为 Gaussian Copula，将其密度表达式代入 CML 估计中，可得

$$\hat{\boldsymbol{R}}^{\text{CML}} = \arg\max_{\boldsymbol{R}} \sum_{j=1}^{n} \log c\left(\hat{F}_1(x_1^{(j)}), \hat{F}_2(x_2^{(j)}), \cdots, \hat{F}_d(x_d^{(j)})\right) =$$

$$\arg\max_{\boldsymbol{R}} \sum_{j=1}^{n} \log\left(\frac{1}{\sqrt{\det\boldsymbol{R}}} \exp\left(-\frac{1}{2} \begin{bmatrix} \Phi^{-1}(\hat{F}_1(x_1^{(j)})) \\ \vdots \\ \Phi^{-1}(\hat{F}_d(x_d^{(j)})) \end{bmatrix}^{\text{T}} \cdot (\boldsymbol{R}^{-1} - \boldsymbol{I}) \cdot \begin{bmatrix} \Phi^{-1}(\hat{F}_1(x_1^{(j)})) \\ \vdots \\ \Phi^{-1}(\hat{F}_d(x_d^{(j)})) \end{bmatrix}\right)\right) =$$

$$\arg\max_{\boldsymbol{R}} \sum_{j=1}^{n} \left(\frac{1}{4} \begin{bmatrix} \Phi^{-1}(\hat{F}_1(x_1^{(j)})) \\ \vdots \\ \Phi^{-1}(\hat{F}_d(x_d^{(j)})) \end{bmatrix}^{\text{T}} \cdot (\boldsymbol{R}^{-1} - \boldsymbol{I}) \cdot \begin{bmatrix} \Phi^{-1}(\hat{F}_1(x_1^{(j)})) \\ \vdots \\ \Phi^{-1}(\hat{F}_d(x_d^{(j)})) \end{bmatrix} \log\det\boldsymbol{R}\right)$$

令 $\boldsymbol{\zeta}_j = \begin{bmatrix} \Phi^{-1}(\hat{F}_1(x_1^{(j)})) \\ \vdots \\ \Phi^{-1}(\hat{F}_d(x_d^{(j)})) \end{bmatrix}$，则

$$\hat{\boldsymbol{R}}^{\text{CML}} = \arg\max_{\boldsymbol{R}} \sum_{j=1}^{n} (\boldsymbol{\zeta}_j^{\text{T}} \cdot (\boldsymbol{R}^{-1} - \boldsymbol{I}) \cdot \boldsymbol{\zeta}_j \cdot \log\det\boldsymbol{R})$$

该方程无解析解，可用数值方法获得数值解。

6.2.2.3 边缘分布估计

1. 高斯核密度估计

在 CML 方法中，首先要对边缘分布进行无参估计。

设随机变量 x 的观测值为 $x_1,x_2,\cdots,x_n$，采用核密度估计（Kernel Density Estimate，KDE）：

$$\hat{f}_h(x) = \frac{1}{n}\sum_{i=1}^{n} K_h(x - x_i) = \frac{1}{nh}\sum_{i=1}^{n} K\left(\frac{x - x_i}{h}\right)$$

选取核函数为高斯核，设

$$K(u) = \frac{1}{\sqrt{2\pi}} \mathrm{e}^{-\frac{1}{2}u^2}$$

代入，则有

$$\hat{f}_h(x) = \frac{1}{nh}\sum_{i=1}^{n} \frac{1}{\sqrt{2\pi}} \mathrm{e}^{-\frac{1}{2}\left(\frac{x-x_i}{h}\right)^2} = \frac{1}{\sqrt{2\pi}\,nh}\sum_{i=1}^{n} \mathrm{e}^{-\frac{1}{2}\left(\frac{x-x_i}{h}\right)^2}$$

对密度函数积分，可得

$$\hat{F}(x) = \int \hat{f}(x)\mathrm{d}x = \int \left(\frac{1}{\sqrt{2\pi}\,nh}\sum_{i=1}^{n} \mathrm{e}^{-\frac{1}{2}\left(\frac{x-x_i}{h}\right)^2}\right)\mathrm{d}x = \frac{1}{2n}\sum_{i=1}^{n} \mathrm{erf}\left(\frac{x-x_i}{\sqrt{2}\,h}\right)$$

式中，erf 为高斯误差函数，定义为

$$\mathrm{erf}(x) = \frac{1}{\sqrt{\pi}}\int_{-x}^{x} \mathrm{e}^{-t^2}\mathrm{d}t = \frac{2}{\sqrt{\pi}}\int_{0}^{x} \mathrm{e}^{-t^2}\mathrm{d}t$$

由于 erf 函数无解析解，所以需采用近似方法计算。根据 Abramowitz 与 Stegun 给出的近似方法，有

$$\mathrm{erf}(x) \approx 1 - (a_1 t + a_2 t^2 + \cdots + a_5 t^5) e^{-x^2}$$

式中，$t = \dfrac{1}{1+px}$，$a_1 = 0.254\ 829\ 592$，$a_2 = -0.284\ 496\ 736$，$a_3 = 1.421\ 413\ 741$，$a_4 = -1.453\ 152\ 027$，$a_5 = 1.061\ 405\ 429$。利用此计算公式，可使误差限制在 1.5×10^{-7} 以下。

2. 带宽选择

对于核估计中的带宽选择，最常用的是通过最小化 L_2 风险函数，即 MISE（Mean Integrated Squared Error）：

$$\mathrm{MISE}(h) = E\left[\int (\hat{f}_h(x) - f(x))^2 \mathrm{d}x\right]$$

对于 Gaussian 核，常用的带宽选择为

$$h = \left(\frac{4\hat{\sigma}^5}{3n}\right)^{\frac{1}{5}} \approx 1.06\hat{\sigma}n^{-1/5}$$

另外一种常见的带宽选择是根据 Scott 准则，取

$$h = 3.5\sigma n^{-1/3}$$

3. 离散次序量的处理

由于网络行为数据中往往包含非连续数据，如 IP 访问次数等，但离散随机变量的累积分布函数的密度函数不可能是均匀分布，不满足 Copula 的应用条件，所以为解决这一问题，在离散量 x_i 上添加高斯白噪声，有

$$x_i^c = x_i + \eta(0, n_p)$$

式中，Gaussian 分布参数 n_p 定义为信号功率 P_s 与期望的信噪比 SNR 的比值，即

$$n_p = \frac{P_s}{\mathrm{SNR}}$$

而信号功率定义为

$$P_s = E\left[X^2(t)\right]$$

因此，只须计算各个离散次序量的信号功率，在指定的 SNR 下（经验上设置为 20 左右）为离散特征添加高斯白噪声即可将其近似转换为连续量。

4. 近似核函数估计

在利用核方法进行计算随机变量在任一数据点上的累积分布及概率密度时，都需要用到所有的样本。在网络行为数据的应用背景下，往往存在样本数量十分庞大，从而导致计算异常复杂的问题。为控制计算量，引入近似核密度估计（Approximate Kernel Density Estimate，AKDE）的方法。

近似核密度估计是指给定输入样本集合 P，带宽 σ 与误差 $\varepsilon > 0$，生成一组样本集合 Q，使得

$$\max_{x \in \mathbf{R}^d} |\ \mathrm{KDE}_P(x) - \mathrm{KDE}_Q(x)\ | = \|\mathrm{KDE}_P - \mathrm{KDE}_Q\|_\infty \leqslant \varepsilon$$

这也被称为 ε 近似（ε-approximation）。

若允许一定的失败概率，可以引入参数 $\delta \in (0,1)$，则可定义 $(\varepsilon - \delta)$ 近似（(ε, δ)-approximation)：

$$\Pr\big[\,\|\mathrm{KDE}_P - \mathrm{KDE}_Q\|_\infty \leqslant \varepsilon\,\big] \geqslant 1-\delta$$

Yan Zheng 在其论文中指出，给定一维已排序点集 $P=\{p_1,p_2,\cdots,p_n\}$，$p_i \leqslant p_{i+1}$。对整数 $j \in [1,[1/\varepsilon]]$，$P_j=\{p_i \in P \mid (j-1)\varepsilon n < i < j\varepsilon n\}$，显然 $P=\bigcup P_j$。那么，对于任意的 $Q=\{q_1,q_2,\cdots,q_{[1/s]}\}$，其中 $q_j \in P_j$，有 $\|\mathrm{KDE}_P - \mathrm{KDE}_Q\|_\infty \leqslant 2\varepsilon$；若 $q_j = p_{[(j-1/2)\varepsilon n]}$，则有 $\|\mathrm{KDE}_P - \mathrm{KDE}_Q\|_\infty \leqslant \varepsilon$。

因此，在指定的误差 ε 限制条件下，仅需对 $j \in [1,[1/\varepsilon]]$ 选取 $p_{[(j-1/2)\varepsilon n]}$，即可满足要求。而在实际计算中，为进一步加速计算，还可以采用分位数的近似算法（Approximate Quantile），如 Hyper-Log-Log 算法等，避免排序带来的计算复杂度。

6.2.3　无监督异常异常检测模型集成

在之前的章节中，介绍了多种无监督异常检测的方法，包括基于自动编码机的方法、基于 PCA 的方法及基于 Copula 的方法，并给出了具体评分函数的定义。但是，如何将多种不同的无监督模型结合起来，还需要进一步的研究。

一种简单的方法是，对评分的数值进行均值（或极值）处理，但是，由于评分机制的不同，所以不同方法的评分往往不具备可比性。另一种方法则是对评分的排名进行均值（或极值）处理，这种方法的效果好于数值比较，但排名本身并未考虑评分数值的分布情况。因此，我们采用的方法是，对评分数据本身的分布进行估计，将所有评分转换到统一的概率空间，从而使其具备一致性，再根据评分策略选择均值或极值处理。为了满足实际的数据分布的多样性，我们选取了 Weibull 分布族（见图 6-7），作为原始评分函数的分布。

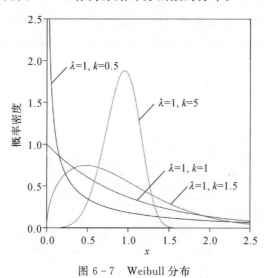

图 6-7　Weibull 分布

Weibull 分布通常用于可靠性分析与寿命检验，其概率密度为

$$f(x;\lambda,k)=\begin{cases} \dfrac{k}{\lambda}\left(\dfrac{x}{\lambda}\right)^{k-1}\mathrm{e}^{-(x/\lambda)^{k}}, & x \geqslant 0 \\ 0, & x < 0 \end{cases}$$

累积分布为

$$F(x;\lambda,k) = \begin{cases} 1 - e^{-(x/\lambda)^k}, & x \geqslant 0 \\ 0, & x < 0 \end{cases}$$

通过最大似然估计,可得

$$\begin{cases} \hat{\lambda}^k = \dfrac{1}{n}\sum_{i=1}^{n} x_i^k \\ \hat{k}^{-1} = \dfrac{\sum\limits_{i=1}^{n} x_i^k \ln x^i}{\sum\limits_{i=1}^{n} x_i^k} - \dfrac{1}{n}\sum_{i=1}^{n} \ln x_i \end{cases}$$

那么,通过将原始评分代入累积分布,则可以得到低于此评分的概率,即

$$P(\text{score}) = 1 - e^{-\left(\text{score}/\hat{\lambda}_{\text{score}}\right)^{\hat{k}_{\text{score}}}}$$

若采用均衡策略,则集成 3 种无监督学习算法的最终评分可表示为

$$S = \text{AVG}(P(\text{score}_{\text{AE}}), P(\text{score}_{\text{PCA}}), P(\text{score}_{\text{Density}}))$$

若采用冒险策略,即以最低风险为最终风险,则

$$S = \text{MIN}(P(\text{score}_{\text{AE}}), P(\text{score}_{\text{PCA}}), P(\text{score}_{\text{Density}}))$$

若采用保守策略,即以最高风险作为最终风险,则

$$S = \text{MAX}(P(\text{score}_{\text{AE}}), P(\text{score}_{\text{PCA}}), P(\text{score}_{\text{Density}}))$$

6.2.4 有监督模型与无监督模型的综合

对于异常检测而言,最大的问题在于较高的误报率。在网络入侵检测方面,由于查证的代价极高,所以对于高误报率的容忍程度更低。在之前的章节中,通过对多种无监督模型的集成,已经实现了较低的误报率。接下来,将研究如何应用人工查证得到的少量样本(与全数据集相比)的标注,进一步提升异常检测的准确性。

异常检测模型综合解决框架(见图 6-8)如下。

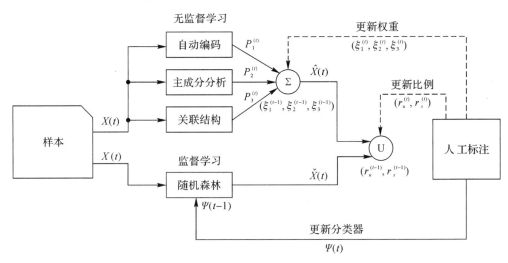

图 6-8 异常检测模型综合

（1）在 t 时段，待检测样本 $X(t)$ 同时通过多种无监督异常检测模型，通过概率空间转换后形成概率 $(P_1^{(t)}, P_2^{(t)}, P_3^{(t)})$，利用在 $t-1$ 时段生成的加权系数 $(\zeta_1^{(t-1)}, \zeta_2^{(t-1)}, \zeta_3^{(t-1)})$ 计算其加权平均，然后根据最后得分，选取其排名最靠前的 $N_u^{(t)}$ 个数据。

（2）在 t 时段，待检测样本 $X(t)$ 也通过在 $t-1$ 时段标注样本监督训练出的二分类模型（正常/异常，模型参数为 $\psi(t-1)$）进行判定，然后根据其属于异常的概率，选取出前 $N_s^{(t)}$ 个数据。

（3）将无监督异常检测得到的 $N_u^{(t)}$ 个异常样本，与监督异常检测得到的 $N_s^{(t)}$ 个结果合并，得到最终的结果呈现给用户以供进一步查证。

在上述过程中，$N_u^{(t)} = r_u^{(t-1)} N$，$r_u^{(t-1)}$ 为 $t-1$ 时段生成的无监督异常检测的占比，$r_s^{(t-1)}$ 为监督异常检测的占比，N 为系统定义的每次最多展示给用户的异常数量。显然有 $r_u^{(t-1)} + r_s^{(t-1)} = 1$，$N_u^{(t)} + N_s^{(t)} = N$。

用户对 t 时段异常检测的样本标注过后，我们将用户标注结果反馈回整个过程中，对以下环节进行参数更新。

（1）用户标注后的样本，将连同以前所有的标注样本，重新训练监督学习模型，从而生成新的监督模型参数 $\psi(t)$，用于下一时段的分类任务。显然，随着标注样本数量的不断增加，监督学习模型的分类精度将不断提升。

（2）根据用户标注的所有样本，更新无监督检测模型集成时的加权系数。设在 t 时段针对所有已标注样本在无监督异常检测模型排名前 N 的比例为 $(\rho_1^{(t)}, \rho_2^{(t)}, \rho_3^{(t)})$，则在 $t+1$ 时段使用的加权系数为

$$(\zeta_1^{(t)}, \zeta_2^{(t)}, \zeta_3^{(t)}) = \left[\frac{\rho_1^{(t)}}{\sum\limits_{i=1}^{3} \rho_i^{(t)}}, \frac{\rho_2^{(t)}}{\sum\limits_{i=1}^{3} \rho_i^{(t)}}, \frac{\rho_3^{(t)}}{\sum\limits_{i=1}^{3} \rho_i^{(t)}} \right]$$

通过这样的更新，可以使有效的单体无监督学习模型在整个集成后的模型中发挥重要作用。

（3）根据用户标注的所有样本，更新有监督模型与无监督模型的输出占比。设在 t 时段针对所有已标注样本在无监督与监督异常检测模型排名前 N 的比例为分别为 $(\tau_u^{(t)}, \tau_s^{(t)})$，则在 $t+1$ 时段使用的比例系数为

$$(r_u^{(t)}, r_s^{(t)}) = \left(\frac{\tau_u^{(t)}}{\tau_u^{(t)} + \tau_s^{(t)}}, \frac{\tau_s^{(t)}}{\tau_u^{(t)} + \tau_s^{(t)}} \right)$$

通过这样的更新，可以使两种类型的异常检测模型中，更为准确的模型输出在最终输出的占比更大。

6.2.5　工程实现

在 SOC 项目的具体实现中，异常检测主要是通过 Spark 框架实现的。

SOC 系统通过 Kafka 总线，实时接收转发来的各种日志及从网络设备上获取的 Netflow 数据；然后利用 Spark Streaming 技术，对数据进行丰富化（添加关联字段、标签等）、实时统计（均值、方差等）及特征匹配（如情报匹配、规则匹配等）等实时任务，并将处理后的数据分别存入 ElasticSearch（用于交互式分析）与 HDFS（用于批量分析）中。

如图 6-9 所示，通过周期性调度，执行异常检测的 Spark 程序从 HDFS 中读取对应数据，对数据进行特征提取、异常检测及模型参数的更新。其中，PCA 算法、自动编码机算法的实

现,调用了 H2O 深度学习计算框架中的对应方法。

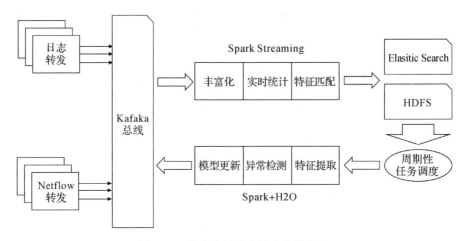

图 6-9　异常检测算法的大数据实现

第 7 章　总结与展望

大数据、机器学习、网络安全……

这些是近年来在计算机领域中爆发的热点词汇,笔者都有幸与之有了很深程度的接触,并进行了充分的理论研究与工程实践。期间以架构师、子项目技术团队负责人和算法设计师等身份参与了多项千万级项目,总项目金额超亿,涉及行业包括公共安全、国家安全、网络安全和能源信息等,直接用户包括安全部、中石油与相关政府机构等,亲身经历了陕西省高性能计算中心建立、中石油首个大数据项目启动等重大事件,并在对抗"港独"分子等重大历史事件中尽到了自己的绵薄之力。

从整体而言,大数据技术已开始在我国各大行业中展开应用。但大数据技术的整体应用水平,尤其在顶层架构设计能力与大数据应用能力成熟度上,目前还处在一个亟需提升的水准。笔者在辅助项目架构设计的工作中深刻体会到这一点。这也与目前大数据技术刚刚兴起的现状有关,整个行业还缺少广为接受的业内规范。目前,美国已通过 NIST 发布了 Big Data Interoperability Framework 作为大数据的参考框架,笔者在项目实践中也充分参考了这一规范,希望在以后的项目工程中,实现对相关规范的深入理解与吸收。

随着 AlphaGo 战胜世界围棋冠军这一事件的出现,深度学习、人工智能和机器学习等词汇再度活跃在公众视线中。而这背后,是研究人员数十年的艰苦努力。作为一个偏重工程研究的人员,笔者在项目实践中,根据项目需求的牵引,提出并实现了数十种算法,应用于真实的生产环境,并取得了良好的应用效果。例如基于深度学习的石油消费量预测模型,预测精度达到 97%;基于两步分类的文本分类算法,在极端条件下仍可达到超过 90% 的精确度与召回率;多模型综合的异常检测算法,对未知威胁的检测率超过 70%;等等。在后续的研究中,笔者还将继续根据工程实践的需要改进现有算法,提出新的解决方案。

"路漫漫其修远兮,吾将上下而求索"。谨以此句作为本书的结尾。

参 考 文 献

[1] 方滨兴. 定义网络空间安全[J]. 网络与信息安全学报，2018，4(1)：1-5.

[2] BLYTHE J，FERRARA E，HUANG D，et al. The DARPA socialsim challenge：massive multi-agent simulations of the github ecosystem[J]. Proceedings of the International Joint Conference on Autonomous Agents and Multiagent Systems，AAMAS，2019，3：1835-1837.

[3] WOOLLEY S C，HOWARD P N. Computational propaganda：political parties，politcians，and political manipulation on social meida[M]. Oxford：Oxford University Press，2019.

[4] 洪宇，张宇，刘挺，等. 话题检测与跟踪的评测及研究综述[J]. 中文信息学报，2007，21(6)：71-87.

[5] 程肖，陆蓓，谌志群. 热点主题词提取方法研究[J]. 现代图书情报技术，2010(10)：43-48.

[6] 龚海军. 网络热点话题自动发现技术研究[D]. 武汉：华中师范大学，2008.

[7] 黄宇栋，李翔，林祥. 互联网媒体信息热点主动发现技术研究与应用[J]. 计算机技术与发展，2009(5)：1-4.

[8] 陆蓓，程肖，谌志群. 基于改进蚁群聚类的热点主题发现算法研究[J]. 现代图书情报技术，2010(4)：66-71.

[9] 郑魁，疏学明，袁宏永. 网络舆情热点信息自动发现方法[J]. 计算机工程，2010(3)：4-6.

[10] 王伟，许鑫. 基于聚类的网络舆情热点发现及分析[J]. 现代图书情报技术，2009(3)：74-79.

[11] 郑希文. 互联网话题演变与传播分析技术研究[D]. 哈尔滨：哈尔滨工程大学，2009.

[12] WATTS D J，DODDS P S. Influentials，networks，and public opinion formation[J]. Journal of Consumer Research，2007，34(4)：441-458.

[13] 韩家炜，坎伯，裴健. 数据挖掘：概念与技术[M]. 3版. 北京：机械工业出版社，2012.

[14] PEREZ J M，BERLANGA R，ARAMBURU M J，et al. Integrating data warehouses with web data：a survey[J]. IEEE Transactions on Knowledge and Data Engineering，2008，20(7)：940-955.

[15] CLAUSET A，NEWMAN M E，MOORE C. Finding community structure in very large networks[J]. Physical Review E 70，2004，6：066111.

[16] FLAKE G W, LAWRENCE S, GILES C L, et al. Self-organization and identification of web communities[J]. Computer, 2002, 35(3): 66 – 70.

[17] NEWMAN M E J. Detecting community structure in networks[J]. The European Physical Journal B-Condensed Matter, 2004, 38(2): 321 – 330.

[18] NEWMAN M E J. Fast algorithm for detecting community structure in networks[J]. Physical Review E, 2004, 69(6): 066133.

[19] NEWMAN M E J. Finding community structure in networks using the eigenvectors of matrices[J]. Physical Review E, 2006, 74(3): 036104.

[20] NEWMAN M E J. Modularity and community structure in networks[J]. Proceedings of the National Academy of Sciences, 2006, 103(23): 8577 – 8582.

[21] NEWMAN M E J, GIRVAN M. Finding and evaluating community structure in networks[J]. Physical Review E, 2004, 69(2): 026113.

[22] POTHEN A, SIMON H D, LIOU K P. Partitioning sparse matrices with eigenvectors of graphs[J]. SIAM Journal on Matrix Analysis and Applications, 1990, 3: 430 – 452.

[23] RAGHAVAN U N, ALBERT R, KUMARA S. Near linear time algorithm to detect community structures in large-scale networks[J]. Physical Review E, 2007, 76 (3): 036106.

[24] WU F, HUBERMAN B A. Finding communities in linear time: a physics approach [J]. The European Physical Journal B-Condensed Matter, 2004, 38(2): 331 – 338.

[25] PIERRAKOS D, PALIOURAS G, PAPATHEODOROU C, et al. Web usage mining as a tool for personalization: a survey[J]. User Modeling and User-Adapted Interaction, 2003, 13: 311 – 372.

[26] SRIVASTAVA J, COOLEY R, DESHPANDE M, et al. Web usage mining: discovery and applications of usage patterns from web data[J]. ACM SIGKDD Explorations Newsletter, 2000, 1(2): 12 – 23.

[27] CUTTING D R, KARGER D R, PEDERSEN J O, et al. Scatter/gather: a cluster-based approach to browsing large document collections[J]. ACM SIGIR Forum, 2017, 51(2): 148 – 159.

[28] SCRIPPS J, TAN P N, ESFAHANIAN A H. Node roles and community structure in networks[J]. Joint Ninth WebKDD and First SNA-KDD 2007 Workshop on Web Mining and Social Network Analysis, 2007(8): 26 – 35.

[29] BLANCO L, CRESCENZI V, MERIALDO P, et al. Supporting the automatic construction of entity aware search engines[J]. Proceeding of the 10th ACM Workshop on Web Information and Data Management-WIDM, 2008(8): 149.

[30] CHAKRABARTI S, SANE D, RAMAKRISHNAN G. Web-scale entity-relation search architecture[J]. Proceedings of the 20th International Conference Companion on World Wide Web, 2011(11): 21.

[31] HAO S. Email and phone number entity search and ranking[D]. Manhattan: Kansas

State University，2008.

[32] NADEAU D，SEKINE S．A survey of named entity recognition and classification[J]．Lingvisticae Investigationes，2007，30(1)：3-26.

[33] ZAKI M J．SPADE：An efficient algorithm for mining frequent sequences[J]．Machine Learning，2001，42(1/2)：31-60.

[34] WANG J，HAN J，LI C．Frequent closed sequence mining without candidate maintenance[J]．IEEE Transactions on Knowledge and Data Engineering，2007，19(8)：1042-1056.

[35] 汪小帆，李翔，陈关荣．复杂网络理论及其应用[M]．北京：清华大学出版社，2006.

[36] 王林．复杂网络的 SCALE-FREE 性、SCALE-FREE 现象及其控制[D]．西安：西北工业大学，2006.

[37] RADICCHI F，CASTELLANO C，CECCONI F，et al．Defining and identifying communities in networks[J]．Proceedings of the National Academy of Sciences，2004，101(9)：2658-2663.

[38] PALLA G，DERÉNYI I，FARKAS I，et al．Uncovering the overlapping community structure of complex networks in nature and society[J]．Nature，2005，435(7043)：814-818.

[39] PRAKASH V J，NITHYA L M．A survey on semi-supervised learning techniques[J]．International Journal of Computer Trends and Technology (IJCTT)，2014，8(1)：25-29.

[40] KOWALCZYK A，RASKUTTI B．One class SVM for yeast regulation prediction[J]．ACM SIGKDD Explorations Newsletter，2002，4(2)：99-100.

[41] KHAN S S，MADDEN M G．One-class classification：taxonomy of study and review of techniques[J]．The Knowledge Engineering Review，2014，29(3)：345-374.

[42] NATARAJAN N．Learning with positive and unlabeled examples[D]．Austin：University of Texas，2015.

[43] HERNANDEZ F D，MONTES Y G M，ROSSO P，et al．Detecting positive and negative deceptive opinions using PU-learning[J]．Information Processing and Management，2015，51(4)：433-443.

[44] PIMENTEL M A F，CLIFTON D A，CLIFTON L，et al．A review of novelty detection[J]．Signal Processing，2014，99：215-249.

[45] LAZZARETTI A E，TAX D M J，VIEIRA NETO H，et al．Novelty detection and multi-class classification in power distribution voltage waveforms[J]．Expert Systems with Applications，2016，45：322-330.

[46] PIMENTEL M A F，CLIFTON D A，CLIFTON L，et al．A review of novelty detection[J]．Signal Processing，2014，99：215-249.

[47] ZHU P，XU Q，HU Q，et al．Multi-label feature selection with missing labels[J]．Pattern Recognition，2018，74：488-502.

[48] BUCZAK A L，GUVEN E．A survey of data mining and machine learning methods

for cyber security intrusion detection[J]. IEEE Communications Surveys & Tutorials, 2016, 18(2): 1153 – 1176.

[49] STOJANOVIC N, DINIC M, STOJANOVIC L. A data-driven approach for multivariate contextualized anomaly detection: industry use case[J]. 2017 IEEE International Conference on Big Data (Big Data), 2017(12): 1560 – 1569.

[50] SIFFER A, FOUQUE P A, TERMIER A, et al. Anomaly detection in streams with extreme value theory[J]. Proceedings of the 23rd ACM SIGKDD International Conference on Knowledge Discovery and Data Mining- KDD, 2017(17): 1067 – 1075.

[51] CHANDOLA V, BANERJEE A, KUMAR V. Anomaly detection for discrete sequences: a survey[J]. IEEE Transactions on Knowledge and Data Engineering, 2012, 24(5): 823 – 839.

[52] BUDALAKOTI S, SRIVASTAVA A, AKELLA R, et al. Anomaly detection in large sets of high-dimensional symbol sequences[J]. NASA Ames Research Center, Tech. Rep. NASA TM-2006-214553, 2006(9): 1 – 2.

[53] ERFANI S M, RAJASEGARAR S, KARUNASEKERA S, et al. High-dimensional and large-scale anomaly detection using a linear one-class SVM with deep learning[J]. Pattern Recognition, 2016, 58: 121 – 134.

[54] AGGARWAL C C. Outlier Analysis[M]. Berlin: Springer International Publishing, 2016.

[55] IGLESIAS F, ZSEBY T. Analysis of network traffic features for anomaly detection [J]. Machine Learning, 2015, 101(1/2/3): 59 – 84.

[56] AHMED M, MAHMOOD A N, HU J. A survey of network anomaly detection techniques[J]. Journal of Network and Computer Applications, 2016, 60: 19 – 31.

[57] GOLDSTEIN M, GOLDSTEIN M, UCHIDA S. A comparative evaluation of unsupervised anomaly detection algorithms for multivariate data[J]. PLOS ONE, 2016 (4): 1 – 31.

[58] MALHOTRA P, VIG L, SHROFF G, et al. Long short term memory networks for anomaly detection in time series[J]. European Symposium on Artificial Neural Networks, 2015(4): 22 – 24.

[59] WU S, WANG S. Information-theoretic outlier detection for large-scale categorical data[J]. IEEE Transactions on Knowledge and Data Engineering, 2013, 25 (3): 589 – 602.

[60] GUPTA M, GAO J, AGGARWAL C C. Outlier detection for temporal data: a survey[J]. IEEE Transactions on Knowledge and Data Engineering, 2013, 25(1): 1 – 20.